建筑工程成本管控实操系列丛书

U0176698

建筑工程钢筋翻样
基础与应用

主编　张　川　杨　影
主审　虞长华　周国民

中国建筑工业出版社

图书在版编目（CIP）数据

建筑工程钢筋翻样基础与应用/张川，杨影主编.—北京：中国
建筑工业出版社，2019.11（2022.3重印）
（建筑工程成本管控实操系列丛书）
ISBN 978-7-112-24380-8

Ⅰ.①建…　Ⅱ.①张…②杨…　Ⅲ.①建筑工程-钢筋-工程施
工　Ⅳ.①TU755.3

中国版本图书馆CIP数据核字（2019）第243745号

本书以现行的国家建筑标准设计图集《混凝土结构施工图平面整体表示方法
制图规则和构造详图》16G101-1、16G101-2、16G101-3、17G101-11和《混凝土
结构施工钢筋排布规则与构造详图》18G901-1、18G901-2、18G901-3等为依据，
对建设工程钢筋翻样方法和技巧作了全面系统的阐述，对实际工程钢筋翻样过程
中争议较多的问题详细地注释解说，内容主要包括：钢筋基础知识、基础构件识
图与钢筋翻样、柱构件识图与钢筋翻样、剪力墙构件识图与钢筋翻样、梁构件识
图与钢筋翻样、板构件识图与钢筋翻样、楼梯构件识图与钢筋翻样。

责任编辑：范业庶　曹丹丹
责任校对：赵听雨

建筑工程成本管控实操系列丛书
建筑工程钢筋翻样基础与应用
主编　张　川　杨　影
主审　虞长华　周国民

＊

中国建筑工业出版社出版、发行（北京海淀三里河路9号）
各地新华书店、建筑书店经销
北京红光制版公司制版
北京建筑工业印刷厂印刷

＊

开本：787×1092毫米　1/16　印张：9½　字数：229千字
2020年1月第一版　2022年3月第二次印刷
定价：35.00元
ISBN 978-7-112-24380-8
（34885）

编 写 委 员 会

主　编　张　川　杨　影

副主编　乔广宇　沈健康　杨林林　刘爱芳

主　审　虞长华　周国民

前　言

混凝土结构施工图平面整体表示方法即平法自 1996 年实施以来，在提高设计效率、统一构造做法等方面，起到了积极作用。但在实际运用过程中，由于对平法制图规则和构造做法的理解不够，导致在计算预算钢筋工程量和施工现场钢筋翻样下料时，因为理解偏差问题，建设各方在钢筋工程量的核定方面产生分歧和扯皮现象。借此笔者根据自身的工作实践，编写了《建筑工程钢筋翻样基础与应用》，希望帮助相关人员理解平法识图规则、掌握钢筋翻样方法与技巧。

本书是根据国家建筑标准设计图集《混凝土结构施工图平面整体表示方法制图规则和构造详图》16G101-1、16G101-2、16G101-3、《G101 系列图集常见问题答疑图解》17G101-11 和《混凝土结构施工钢筋排布规则与构造详图》18G901-1、18G901-2、18G901-3 等为依据编写的，在编写的过程中力求循序渐进、层层剖析，尽可能全面系统地阐明钢筋翻样与下料基本知识、各混凝土构件的识图与钢筋翻样理论与方法技巧，主要包括：钢筋基础知识、基础构件识图与钢筋翻样、柱构件识图与钢筋翻样、剪力墙构件识图与钢筋翻样、梁构件识图与钢筋翻样、板构件识图与钢筋翻样、楼梯构件识图与钢筋翻样等。在教读者正确理解混凝土结构施工图平法制图规则的同时，掌握钢筋翻样与下料基本知识，保证准确高效地计算钢筋翻样工程量，从而正确且快速地进行钢筋下料。本书的精髓在于系统的教学方法和学习方法，采用项目教学法编写，涵盖了最新的平法钢筋算量相关图集及资料，且紧扣工程现场实践，最大限度地与生产管理一线相结合，简单易懂，实用性强，实际可操作性强。

本书旨在为工程造价人员和施工现场钢筋翻样人员解决工程中经常遇到的问题，使读者对钢筋制图规则和钢筋翻样原理有更明晰的掌握，是工程造价人员和施工现场钢筋翻样人员必备的一本非常实用的参考书。

本书由张川、杨影主编。参加编写的人员还有乔广宇、沈健康、杨林林、刘爱芳。全书由张川、杨影统稿，虞长华、周国民主审。

本书在编写过程中参阅了大量的平法识图和钢筋计算的书籍、现行各类设计规范、各类施工验收规范、标准和施工手册，在此对所引文献和成果的原作者致以诚挚的感谢。本书是编者根据对平法图集的理解和现场钢筋翻样经验编写的，限于编者水平有限，书中不足之处，欢迎读者批评指正（编者邮箱：493721889@qq.com）。

目　　录

第1章 钢筋基础知识

1.1 钢筋翻样一般构造

1.1.1 箍筋与拉结筋

1. 有关箍筋的规定

上部结构构件中，G101 系列图集要求的箍筋都为封闭箍筋，封闭箍筋可采取焊接封闭箍筋的做法，也可在末端设置弯钩。

（1）焊接封闭箍筋宜采用闪光对焊；采用气压焊或单面搭接焊时，应注意最小直径适用范围。单面搭接焊适用于直径不小于 10mm 的钢筋，气压焊适用于直径不小于 12mm 的钢筋。为保证焊接质量，焊接封闭箍筋应在专业加工场地并采用专用设备完成，《钢筋焊接及验收规程》JGJ 18—2012 规定了详细的施工操作和验收规范。焊接封闭箍筋要求如下：

1）每个箍筋的焊接连接点数量应为 1 个，焊点宜位于多边形箍筋的某边中部，且距离弯折处的位置不小于 100mm，如图 1-1 所示。

2）矩形柱箍筋焊点宜设在柱短边，等边多边形柱箍筋焊点可设在任一边。

3）梁箍筋焊点应设置在顶部或底部。

4）箍筋焊点应沿纵向受力钢筋方向错开布置。

（2）非焊接封闭箍筋末端应设弯钩，弯钩做法及长度要求如下：

1）非抗震设计的结构构件箍筋弯钩的弯折角度不应小于 90°，弯折后平直段长度不应小于箍筋直径的 5 倍；为保证受力可靠，工程多采用 135°弯折，如图 1-2 所示。

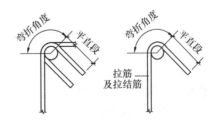

图 1-1　焊接封闭箍筋示意图　　图 1-2　箍筋、拉筋及拉结筋弯钩示意图

2）对有抗震设防要求的结构构件，箍筋弯钩的弯折角度为 135°，弯折后平直段长度不应小于箍筋直径 10 倍和 75mm 两者中的较大值，如图 1-2 所示。

3）构件受扭时（如梁侧面构造纵筋以"N"打头表示），箍筋弯钩的弯折角度为 135°，弯折后平直段长度不应小于箍筋直径 10 倍，如图 1-2 所示。

4) 圆柱环状箍筋，螺旋筋筋，（17G101-11 与 18G901-1 相结合考虑）搭接长度不应小于其受拉锚固长度 l_{aE} 且不应小于 300mm，末端均做 135°弯钩，弯折后平直段长度不应小于箍筋直径 10 倍和 75mm 两者中的较大值，如图 1-3 所示。

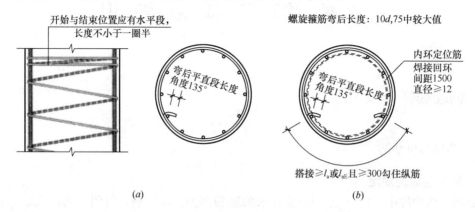

图 1-3　圆柱环状箍筋、螺旋箍筋构造详图
(a) 螺旋筋构造；(b) 螺旋箍筋搭接构造

（3）拉筋、拉结筋末端也应做弯钩，具体要求如下：

1) 拉筋用于梁、柱复合箍筋中单肢箍筋时，两端弯折角度均为 135°，弯折后平直段长度同箍筋。

2) 拉筋用于梁腰筋间拉结时，两端弯折角度均为 135°，弯折后平直段长度同箍筋。

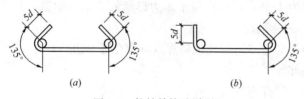

图 1-4　拉结筋构造详图
(a) 两侧 135°弯钩；(b) 一侧 135°、一侧 90°弯钩

3) 拉结筋用作剪力墙分布钢筋（约束边缘构件沿墙肢长度 l_c 范围以外，构造边缘构件范围以外）间拉结时，可采用一端 135°、另一端 135°弯钩，也可采用一端 135°、另一端 90°弯钩，当采用一端 135°、另一端 90°弯钩时，拉结筋需交错布置，弯折后平直段长度不应小于箍筋直径的 5 倍，如图 1-4 所示。

根据《混凝土结构工程施工质量验收规范》GB 50204—2015 钢筋弯折的弯弧内径应符合下列规定：

① 光圆钢筋，不应小于钢筋直径的 2.5 倍；

② 335MPa、400MPa 级带肋钢筋，不应小于钢筋直径的 4 倍。

2. 箍筋预算算法，箍筋预算算法均考虑抗震要求，如图 1-5 所示。

（1）HPB300 钢筋弯弧内直径不应小于钢筋直径的 2.5 倍，如图 1-6（a）所示。

弯弧内直径 $(D=2.5d)$ 推导的量度差值 $(1.9d)$。

当直径 ≥8mm 时：

$$[(b-保护层厚度×2)+(h-保护层厚度×2)]×2+2×10d+2×1.9d=[(b-保护层厚度×2)+(h-保护层厚度×2)]×2+23.8d$$

当直径 <8mm 时：

$$[(b-保护层厚度×2)+(h-保护层厚度×2)]×2+2×75+2×1.9d=[(b-保护层$$

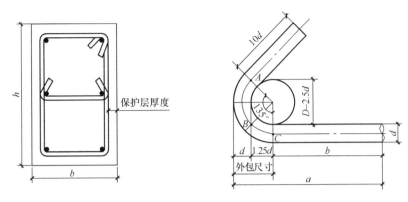

图 1-5　箍筋示意图

厚度×2)+(h-保护层厚度×2)]×2+150+3.8d

135°弯钩钢筋度量差=4.12d-2.25d=1.87d≈1.9d

中心线长度=b+ABC弧长+10d

135°中心线 ABC 弧长 = $(R+d/2)×\pi×\theta/180° = (1.25d+0.5d)×3.14×135/180 =$ 4.12d

135°弯钩外包长度=d+1.25d=2.25d

$D=2.5d$ 是圆轴直径，设 135°弯曲内半径为 1.25d，也就是 $R=1.25d$，d 为箍筋直径。

(2) HRB400 钢筋弯弧内直径不应小于钢筋直径的 4 倍，如图 1-6(b)所示。

弯弧内直径($D=4d$)推导的量度差值为 2.89d。

当直径≥8mm 时：

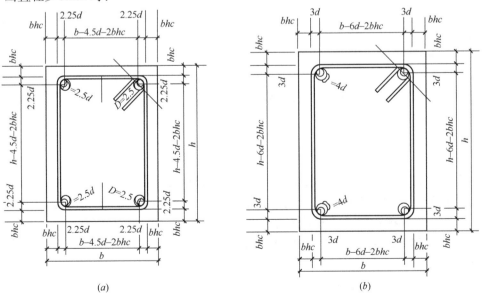

图 1-6　箍筋算法示意图

(a)用于 HPB300；(b)用于 HRB400

3

$[(b-保护层厚度\times2)+(h-保护层厚度\times2)]\times2+2\times10d+2\times2.89d=[(b-保护层厚度\times2)+(h-保护层厚度\times2)]\times2+25.78d$

当直径<8mm时：

$[(b-保护层厚度\times2)+(h-保护层厚度\times2)]\times2+2\times75+2\times2.89d=[(b-保护层厚度\times2)+(h-保护层厚度\times2)]\times2+150+5.78d$

135°弯钩钢筋度量差$=5.89d-3d=2.89d$

中心线长度$=b+ABC$弧长$+10d$

135°中心线 ABC弧长$=(R+d/2)\times\pi\times\theta/180°$

$\qquad\qquad\qquad=(2d+0.5d)\times3.14\times135/180=5.89d$

$3d$是135°弯钩外包长度$=d+2d=3d$

$D=4d$是圆轴直径，设135°弯曲内半径为$2d$，也就是$R=2d$，d为箍筋直径。

光圆钢筋箍筋长度$=2b+2h-8\times$保护层厚度$+19d$

热轧带肋钢筋箍筋长度$=2a+2b-8\times$保护层厚度$+20d$

3. 箍筋内箍翻样算法

内箍筋尺寸的计算方法：

(1) 按肢均分；

(2) 按上支座筋均分；

(3) 按上下较多均分；

(4) 按上通长筋均分；

(5) 按长度平均分。

通常使用以下情况较多（图1-7）

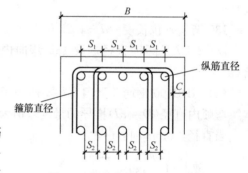

图1-7 箍筋内箍平均分示意图

(1) S_1是指纵筋中心线的均分，按照纵筋的中心线均分，即（$B-2\times C-$箍筋的直径$\times2-$纵筋直径）/内空段数，然后再增加上1个纵筋直径和2个箍筋的直径，最后即为内箍的长度。

(2) S_2是指纵筋内净长的均分，按照纵筋的净长均分，即（$B-2\times C-$箍筋的直径$\times2-$所有的纵筋直径）/空挡，然后内箍根据箍筋套用的根数，增加上直径和箍筋直径，最后即为内箍的长度。

1.1.2 带"E"钢筋

根据《混凝土结构工程施工规范》GB 50666—2011要求，对有抗震设防要求的结构，其纵向受力钢筋的性能应满足设计要求；当设计无具体要求时，对按一、二、三级抗震等级设计的框架和斜撑构件（含梯段）中的纵向受力钢筋应采用HRB335E、HRB400E、HRB500E、HRBF335E、HRBF400E或HRBF500E钢筋，其强度和最大力下总伸长率的实测值应符合下列规定：

(1) 钢筋的抗拉强度实测值与屈服强度实测值的比值不应小于1.25；

(2) 钢筋的屈服强度实测值与屈服强度标准值的比值不应大于1.30；

(3) 钢筋的最大力下总伸长率不应小于9%。

根据《混凝土结构工程施工质量验收规范》GB 50204—2015要求：

部分框架、斜撑构件（含梯段）中纵向受力钢筋强度、伸长率的规定，其目的是保证重要构件的抗震性能。抗拉强度实测值与屈服强度实测值的比值工程中习惯称为"强屈比"（这个是为了保证当构件某个部位出现塑性铰以后，塑性铰处有足够的转动能力和耗能能力，大变形下具有必要的强度潜力）或"超屈比"。超强比是为了保证按设计要求实现"强柱弱梁""强剪弱弯"的效果不会因钢筋强度离散性过大而受到干扰。最大力下总伸长率习惯称为"均匀伸长率"（这是为了保证在抗震大变形的条件下，钢筋具有足够的塑性变形能力）。

牌号带"E"的钢筋是专门为满足上述性能要求生产的钢筋，其表面轧有专用标志。

框架包括各类混凝土结构中的框架梁、框架柱、框支梁、框支柱及板柱—抗震墙的柱等，其抗震等级应根据国家现行相关标准由设计确定；斜撑构件包括伸臂桁架的斜撑、楼梯的梯段等，相关标准中未对斜撑构件规定抗震等级，当建筑中其他构件需要应用牌号带"E"钢筋时，则建筑中所有斜撑构件均应满足上述规定；剪力墙及其边缘构件、筒体、楼板、基础不属于上述规定的范围之内。

根据《混凝土结构设计规范》GB 50010—2010 的有关规定，HRB335E、HRF335E 不得用于框架梁、柱的纵向受力钢筋，只可用于斜撑构件。

1.1.3　钢筋锚固

1. 钢筋锚固与锚固长度

钢筋混凝土结构中钢筋能够受力，主要是依靠钢筋和混凝土之间的粘结锚固作用，因此钢筋的锚固是混凝土结构受力的基础。如锚固失效，则结构将丧失承载能力并由此导致结构破坏。

《混凝土结构设计规范》（2015 年版）GB 50010—100 中关于受拉钢筋锚固包括基本锚固长度 l_{ab}、抗震设计时基本锚固长度 l_{abE}、锚固长度 l_a、抗震锚固长度 l_{aE}。施工中应按 G101 系列图集中标准构造图样所标注的长度进行加工。受拉钢筋的锚固长度应根据锚固条件确定，且不应小于 200mm。

$$l_{ab} = \alpha(f_y/f_t)d$$

受拉钢筋的锚固长度由受拉钢筋的基本锚固长度 l_{ab} 与锚固长度修正系数 ξ_a 相乘而得，即：

$$l_a = \xi_a l_{ab}$$

受拉钢筋的抗震基本锚固长度 l_{abE} 由受拉钢筋的基本锚固长度 l_{ab} 与钢筋的抗震锚固长度修正系数 ξ_{aE} 相乘而得，即：

$$l_{abE} = \xi_{aE} l_{ab}$$

受拉钢筋的抗震锚固长度 l_{aE} 由受拉钢筋的锚固长度 l_a 与受拉钢筋的抗震锚固长度修正系数 ξ_{aE} 相乘而得，即：

$$l_{aE} = \xi_{aE} l_a = \xi_{aE} \xi_a l_{ab} = \xi_a l_{abE}$$

式中　f_y——普通钢筋的抗拉强度设计值；

　　　　f_t——混凝土轴心抗拉强度设计值，当混凝土强度等级大于 C60 时，按 C60 取值；

　　　　ξ_a——锚固长度修正系数；

　　　　ξ_{aE}——纵向受拉钢筋抗震锚固长度修正系数；对一、二级抗震等级取 1.15，三级抗震等级取 1.05，四级抗震等级取 1.00；

  α——钢筋的外形系数，光圆钢筋为 0.16，带肋钢筋为 0.14。

  比如以混凝土强度等级为 C30，钢筋级别为 HRB400 为例（小数点后一位按四舍五入取整）：

  （1）$l_{ab}=35d$（四级抗震等级取 1.00）

  （2）$l_{abE}=35d\times1.05=36.75d\approx37d$（三级抗震等级取 1.05）

  $l_{abE}=35d\times1.15=40.25d\approx40d$（一、二级抗震等级取 1.15）

  受拉钢筋的锚固长度 l_a、l_{aE} 计算值不应小于 200mm，图集中特别说明非框架梁下部钢筋锚固长度为 12d，不是受拉钢筋锚固长度，不受 200mm 的约束。从锚固长度（见表1-1、表1-2、表 1-3、表1-4）中看出，受拉钢筋最短锚固长度为 21d（≥C60，HPB300，四级抗震），当 21d 小于 200mm 时，只有当 $d<9.5mm$ 的时候才发生，所以 l_a（l_{aE}）>200mm 仅仅是针对直径小于 8 及以下受拉钢筋锚固的一项补充要求。

受拉钢筋基本锚固长度 l_{ab} 表   表 1-1

钢筋种类	混凝土强度等级								
	C20	C25	C30	C35	C40	C45	C50	C55	≥60
HPB300	39d	34d	30d	28d	25d	24d	23d	22d	21d
HRB335	38d	33d	29d	27d	25d	23d	22d	21d	21d
HRB400、HRBF400、RRB400	—	40d	35d	32d	29d	28d	27d	26d	25d
HRB500、HRBF500	—	48d	43d	39d	36d	34d	32d	31d	30d

抗震设计时受拉钢筋基本锚固长度 l_{abE} 表   表 1-2

钢筋种类、抗震等级		混凝土强度等级							
		C20	C25	C30	C35	C40	C45	C50	C55	≥C60
HPB300	一、二级	45d	39d	35d	32d	29d	28d	26d	25d	24d
	三级	41d	36d	32d	29d	26d	25d	24d	23d	22d
HRB335	一、二级	44d	38d	33d	31d	29d	26d	25d	24d	24d
	三级	40d	35d	31d	28d	26d	24d	23d	22d	22d
HRB400 HRBF400	一、二级	—	46d	40d	37d	33d	32d	31d	30d	29d
	三级	—	42d	37d	34d	30d	29d	28d	27d	26d
HRB500 HRBF500	一、二级	—	55d	49d	45d	41d	39d	37d	36d	35d
	三级	—	50d	45d	41d	38d	36d	34d	33d	32d

受拉钢筋锚固长度 l_a 表   表 1-3

钢筋种类	混凝土强度等级																
	C20	C25		C30		C35		C40		C45		C50		C55		≥C60	
	d≤14	d≤25	d>25	d≤25	d>25	d≤25	d>25	d≤25	d>25	d≤25	d>25	d≤25	d>25	d≤25	d>25	d≤25	d>25
HPB300	39d	34d	—	30d	—	28d	—	25d	—	24d	—	23d	—	22d	—	21d	—
HRB335	38d	33d	—	29d	—	27d	—	25d	—	23d	—	22d	—	21d	—	21d	—

续表

钢筋种类	混凝土强度等级																
	C20	C25		C30		C35		C40		C45		C50		C55		≥C60	
	$d \leqslant 14$	$d \leqslant 25$	$d > 25$	$d \leqslant 25$	$d > 25$	$d \leqslant 25$	$d > 25$	$d \leqslant 25$	$d > 25$	$d \leqslant 25$	$d > 25$	$d \leqslant 25$	$d > 25$	$d \leqslant 25$	$d > 25$	$d \leqslant 25$	$d > 25$
HRB400、HRBF400 RRB400	—	$40d$	$44d$	$35d$	$39d$	$32d$	$35d$	$29d$	$32d$	$28d$	$31d$	$27d$	$30d$	$26d$	$29d$	$25d$	$28d$
HRB500、HRBF500	—	$48d$	$53d$	$43d$	$47d$	$39d$	$43d$	$36d$	$40d$	$34d$	$37d$	$32d$	$35d$	$31d$	$34d$	$30d$	$33d$

受拉钢筋抗震锚固长度 l_{aE} 表　　　　表 1-4

钢筋种类及抗振等级		混凝土强度等级																
		C20	C25		C30		C35		C40		C45		C50		C55		≥C60	
		$d \leqslant 14$	$d \leqslant 25$	$d > 25$	$d \leqslant 25$	$d > 25$	$d \leqslant 25$	$d > 25$	$d \leqslant 25$	$d > 25$	$d \leqslant 25$	$d > 25$	$d \leqslant 25$	$d > 25$	$d \leqslant 25$	$d > 25$	$d \leqslant 25$	$d > 25$
HPB300	一、二级	$45d$	$39d$	—	$35d$	—	$32d$	—	$29d$	—	$28d$	—	$26d$	—	$25d$	—	$24d$	—
	三级	$41d$	$36d$	—	$32d$	—	$29d$	—	$26d$	—	$25d$	—	$24d$	—	$23d$	—	$22d$	—
HRB335	一、二级	$44d$	$38d$	—	$33d$	—	$31d$	—	$29d$	—	$26d$	—	$25d$	—	$24d$	—	$24d$	—
	三级	$40d$	$35d$	—	$31d$	—	$28d$	—	$26d$	—	$24d$	—	$23d$	—	$22d$	—	$22d$	—
HRB400 HRBF400	一、二级	—	$46d$	$51d$	$40d$	$45d$	$37d$	$40d$	$33d$	$37d$	$32d$	$36d$	$31d$	$35d$	$30d$	$33d$	$29d$	$32d$
	三级	—	$42d$	$46d$	$37d$	$41d$	$34d$	$37d$	$30d$	$34d$	$29d$	$33d$	$28d$	$32d$	$27d$	$30d$	$26d$	$29d$
HRB500 HRBF500	一、二级	—	$55d$	$61d$	$49d$	$54d$	$45d$	$49d$	$41d$	$46d$	$39d$	$43d$	$37d$	$40d$	$36d$	$39d$	$35d$	$38d$
	三级	—	$50d$	$56d$	$45d$	$49d$	$41d$	$45d$	$38d$	$42d$	$36d$	$39d$	$34d$	$37d$	$33d$	$36d$	$32d$	$35d$

16G101-1 中的 l_a、l_{aE} 已考虑带肋钢筋直径大于 25mm 时系数 1.1 的情况，这是考虑粗直径带肋钢筋相对肋高减小对钢筋锚固作用有降低的影响。

采用环氧树脂涂层钢筋时，表中数据尚应乘以 1.25，为解决恶劣环境中钢筋的耐久性问题，工程中采用环氧树脂涂层钢筋，该种钢筋表面光滑对锚固有不利的影响，实验表明涂层使钢筋的锚固降低了 20％左右。

受施工扰动影响时，表中数据尚应乘以 1.1。当钢筋在混凝土施工过程中易受扰动的情况下（如滑模施工或其他施工期依托钢筋承载的情况），因混凝土在凝固前受扰动而影响与钢筋的粘结锚固作用。

当混凝土保护层厚度 c 较大时，握裹作用加强，锚固长度可适当减短，如图 1-8 所示。

当 $3d < c < 5d$ 时，$0.95 - 0.05c/d$

当 $c = 3d$ 时，为 0.8；

当 $c = 5d$ 时，为 0.7；

内插法为当 $c = 4d$ 时，则为 0.75。

实配值大于计算值：当纵向受力钢筋的实际配筋面积大于其设计计算面积时，钢筋实际拉应力小于抗拉强度设计值，锚固长度修正系数 ξ_a 可

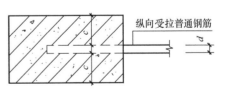

图 1-8　锚固钢筋的混凝土保护层厚度示意图

取为设计计算面积与实际配筋面积的比值，但不得用于抗震设计及直接承受动力荷载的构件中。应注意，采用本修正系数时，应由设计单位指定。

2. 光圆钢筋锚固长度末端弯钩

光圆钢筋系指 HPB300 级钢筋，由于钢筋表面光滑，主要靠摩阻力锚固，锚固强度很低，一旦发生滑移即被拔出，因此光圆钢筋末端应做 180°弯钩，但作受压钢筋时不做弯钩。

（1）HPB300 级钢筋末端做 180°弯钩时，其锚固长度是指包括弯钩在内的投影长度；弯钩的弯后平直段长度不应小于 $3d$，弯弧内直径 $2.5d$，180°弯钩需在锚固长度基础上增加长度 $6.25d$（增加长度按钢筋中心线计算）。如图 1-9 所示。

（2）板中分布钢筋（不作为抗温度收缩钢筋使用），或者按构造详图已经设有直钩时，可不再设 180°弯钩。

3. 纵向受拉钢筋弯钩与机械锚固形式

弯钩和机械锚固主要是利用受力钢筋端头锚头（弯钩，贴焊锚筋，焊接锚板或螺栓锚头）对混凝土的局部挤压作用加大锚固承载力，可以有效减小

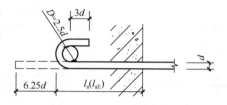

图 1-9　HPB300 级钢筋末端
180°弯钩示意图

直线锚固长度，采用弯锚或机械锚固后，包括弯钩或锚固端头在内的锚固长度（投影长度）可取基本锚固长度 l_{ab} 的 60%。弯钩和机械锚固的形式，如图 1-10 所示。对于弯钩和机械锚固做如下说明：

（1）末端带 90°弯钩的形式：可用于框架梁、框架柱、板、剪力墙等支座节点处的锚固，如图 1-10（a）所示。当用于截面侧边、角部偏置锚固时，端头弯钩应向截面内侧偏斜，弯钩为 $12d+4d/2+d=15d$。

（2）末端带 135°弯钩形式：可用于非框架梁、板支座节点处的锚固，如图 1-10（b）所示。当用于截面侧边、角部偏置锚固时，端头弯钩应向截面内侧偏斜。

（3）末端贴焊锚筋形式：可用于非框架梁、板支座节点处的锚固，如图 1-10（c）、（d）所示。其中一侧贴焊锚筋形式当用于截面侧边、角部偏置锚固时，贴焊锚筋应向截

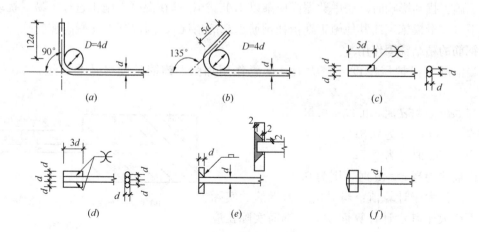

图 1-10　纵向受拉钢筋弯钩与机械锚固形式示意图
（a）末端带 90°弯钩；（b）末端带 135°弯钩；（c）末端一侧巾焊锚筋（d）末端两侧巾焊锚筋；
（e）末端与钢板穿孔塞焊；（f）末端带螺栓锚头

面内侧偏斜。

（4）末端与钢板穿孔塞焊及末端带螺栓锚头的形式：可用于任何情况，但需注意螺栓锚头和焊接钢板的净挤压面积应不小于 4 倍锚筋截面积，且应满足最小间距要求。当钢筋净距小于 $4d$ 时，应考虑群锚效应的不利影响，如图 1-10 （e）、（f）所示。

4. 弯折段长度

对于钢筋的弯折锚固，其平直段长度均需满足相应要求，实际工程中对于因支座长度限制而造成无法满足弯折前平直段长度的情况，有些人认为可以将平直段减短些，弯折段加长些，总的长度满足锚固长度 l_a 或抗震锚固长度 l_{aE} 就可以了，这种做法是不合适的。弯折锚固是利用受力钢筋端部弯钩对混凝土的局部挤压作用加大锚固承载能力，从而保证了钢筋不会发生锚固拔出。弯折锚固要求弯钩之前必须有一定的平直段锚固长度，是为了控制锚固钢筋的滑移，使构件不至于发生较宽的裂缝和较大的变形。

1.1.4 钢筋保护层厚度

根据混凝土碳化反应的差异和构件的重要性，按平面构件（板、墙、壳）及杆件（梁、柱、杆）分两类确定保护层厚度，见表 1-5。

混凝土保护层的最小厚度表（设计使用年限 50 年；单位 mm）　　　　　表 1-5

环境类别	板、墙（平面构件）	梁、柱（杆件）
一	15	20
二 a	20	25
二 b	25	35
三 a	30	40
三	40	50

表中不再列入强度等级的影响，C30 及以上统一取值，C25 及以下均增加 5mm。

方法如下（以环境类别为"一"类时举例）：

板、墙（平面构件）　　15＋5＝20mm

梁、柱（杆件）　　　　20＋5＝25mm

（1）构件中普通钢筋的混凝土保护层厚度满足下列要求：

1）构件中受力钢筋的混凝土保护层厚度不应小于钢筋的公称直径 d（为了保证握裹层混凝土对受力钢筋的锚固）。

2）设计使用年限 50 年的混凝土结构，最外层钢筋的保护层厚度应符合表 1-5 的规定；设计使用年限为 100 年的混凝土结构，最外层钢筋的保护层厚度不应小于表 1-5 中数值的 1.4 倍（因考虑碳化速度的影响），见表 1-6。

混凝土保护层的最小厚度表（设计使用年限 100 年；单位 mm）　　　　　表 1-6

环境类别	板、墙（平面构件）	梁、柱（杆件）
一	15×1.4＝21	20×1.4＝28
二 a	20×1.4＝28	25×1.4＝35
二 b	25×1.4＝35	35×1.4＝42

（2）最外层钢筋保护层厚度指箍筋、构造筋、分布筋等外边缘至混凝土表面的距离（从混凝土碳化，脱钝和钢筋锈蚀的耐久性角度考虑）。对于用作梁、柱类构件符合箍筋中单肢箍的拉筋，梁侧纵筋间的拉筋，剪力墙边缘构件、扶壁柱、非边缘暗柱中的拉筋，剪力墙水平、竖向分布筋间的拉结筋，若拉筋或拉结筋的弯钩位于最外侧，此时混凝土保护层厚度指拉筋或拉结筋外边缘至混凝土表面的距离。

（3）混凝土结构中的竖向结构在地上、地下由于所处环境类别不同，因此要求保护层厚度也不同，此时也可以对地下竖向构件采用外扩附加保护层的方法，使主筋在同一位置不变。如图 1-11 所示。

（4）混凝土保护层厚度在采取下列有效措施时可适当减小，但减小之后收到钢筋的保护层厚度不应小于钢筋公称直径。

1）构件表面设有抹灰层或者其他各种有效的保护性涂料层时。

2）混凝土中采用掺阻锈剂等防锈措施时，可适当减小混凝土保护层厚度。使用阻锈剂应经试验检验效果良好，并应在确定有效的工艺参数后应用。

3）采用环氧树脂涂层钢筋、镀锌钢筋或采取阴极保护处理等防锈措施时，保护层厚度可适当减小。

4）当对地下室外墙采取可靠的建筑防水做法或防护措施时，与土壤接触面的保护层厚度可适当减少，但不应小于 25mm。

5）当柱、墙、梁中纵向受力钢筋的保护层厚度大于 50mm 时，宜对保护层采取有效的防裂构造措施。保护层防裂钢筋网片构造如图 1-12 所示，应对防裂钢筋网片采取有效的绝缘和定位措施。

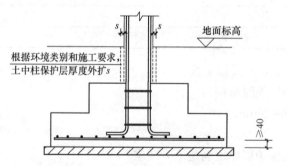

图 1-11 柱保护层厚度改变处外扩附加保护层示意图

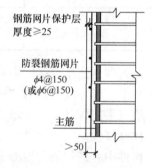

图 1-12 保护层防裂钢筋网片构造示意图

1.1.5 混凝土结构的环境类别

混凝土结构环境类别的划分目的是为了保证设计使用年限内钢筋混凝土结构构件的耐久性，不同环境下耐久性的要求是不同的。混凝土结构应根据设计使用年限和环境类别进行耐久性设计，包括混凝土材料耐久性基本要求，钢筋的混凝土保护层厚度。不同环境条件下的耐久性技术措施以及结构使用阶段的检测和维护要求。

混凝土结构环境类别是指混凝土暴露表面所处的环境条件，见表 1-7。

（1）严寒地区系指最冷月平均温度 $\leq -10℃$，日平均温度 $\leq -5℃$ 的天数不少于 $145d$ 的地区。

混凝土结构的环境类别表 表 1-7

环境类别	条件
一	室内干燥环境； 无侵蚀性静水浸没环境
二 a	室内潮湿环境； 非严寒和非寒冷地区的露天环境； 非严寒和非寒冷地区与无侵蚀性的水或土壤直接接触的环境； 严寒和寒冷地区的冰冻线以下与无侵蚀性的水或土壤直接接触的环境
二 b	干湿交替环境； 水位频繁变动环境； 严寒和寒冷地区的露天环境； 严寒和寒冷地区冰冻线以上与无侵蚀性的水或土壤直接接触的环境
三 a	严寒和寒冷地区冬季水位变动区环境； 受除冰盐影响环境； 海风环境
三 b	盐渍土环境； 受除冰盐作用环境； 海岸环境
四	海水环境
五	受人为或自然的侵蚀性物质影响的环境

（2）寒冷地区系指最冷月平均温度 $-10\sim 0℃$，日平均温度 $\leqslant -5℃$ 的天数为 $90\sim 145d$ 的地区。

（3）室内干燥环境是指构件处于常年干燥、低湿度的环境；室内潮湿环境是指构件表面经常处于结露或湿润状态的环境。

（4）干湿交替环境是指混凝土表面经常交替接触到大气和水的环境条件。

（5）受除冰盐影响环境是指收到除冰盐盐雾影响的环境；受除冰盐作用环境是指被除冰盐溶液溅射的环境，以及使用除冰盐地区的洗车房、停车楼等建筑。

（6）海岸环境和海风环境宜根据当地情况，考虑主导风向及结构所处迎风、背风部位等因素的影响，由调查研究和工程经验确定。

（7）四类和五类环境中的混凝土结构，其耐久性要求应符合有关的规定。

施工设计文件应注明构件的环境类别，若施工中无法准确判断环境类别，应由设计单位明确解释。

1.1.6 钢筋连接

钢筋连接方式主要有绑扎搭接、机械连接和焊接三种，各自的特点见表 1-8。

钢筋连接需遵循以下原则：

（1）接头宜尽量设置在受力较小处，宜避开结构受力较大的关键部位。抗震设计时需避开梁端、柱端箍筋加密区范围，如必须在该区域连接，则应采用机械连接或焊接。

（2）在同一跨度或同一层高内的同一受力钢筋上宜少设连接接头，不宜设置 2 个或 2 个以上接头。

绑扎搭接、机械连接及焊接的特点表 表 1-8

类型	机理	优点	缺点
绑扎搭接	利用钢筋与混凝土之间的（粘）结锚固作用实现传力	应用广泛，连接形式简单	对于直径较粗的受力钢筋，绑扎搭接长度较长，施工不方便，且连接区域容易发生过宽的裂缝
机械连接	利用钢筋与连接件的机械咬合作用或钢筋端面的承压作用实现钢筋连接	比较简便、可靠	机械连接接头连接件的混凝土保护层厚度以及连接件间的横向净距将减小
焊接连接	利用热熔化金属实现钢筋连接	节省钢筋，接头成本低	焊接接头由于人工操作的差异，当连接质量的不稳定性

（3）接头位置宜互相错开，在同一连接区段，接头钢筋面积百分率宜限制在规定范围内。

（4）梁、柱类构件的纵向受力钢筋采用绑扎搭接时，应采取必要的构造措施，在纵向受力钢筋搭接长度范围内应配置横向构造钢筋。

（5）绑扎搭接钢筋在受力后的分离趋势及搭接区混凝土的纵向劈裂，尤其是受弯构件翘曲变形，要求对搭接连接区域采取加强约束措施。

（6）纵向受力钢筋搭接区箍筋既要满足搭接区对箍筋直径与间距的要求，又要满足构件该处箍筋的计算与构造配筋要求。

（7）轴心受拉及小偏心受拉杆件（如桁架和拱的拉杆）的纵向受力钢筋不得采用绑扎搭接接头。

（8）当受拉钢筋的直径 $d > 25$mm 及受压钢筋的直径 $d > 28$mm 时，不宜采用绑扎搭接接头。

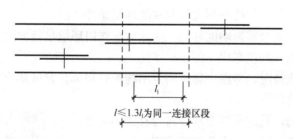

$l \leqslant 1.3l_1$ 为同一连接区段

图 1-13 同一连接区段内纵向受拉钢筋绑扎搭接接头示意图

1. 绑扎搭接

（1）同一构件中相邻纵向受力钢筋的绑扎搭接接头宜相互错开。钢筋绑扎搭接连接区段长度为 1.3 倍的搭接长度（$1.3l_1$ 或 $1.3l_{IE}$），凡搭接接头中点位于该连接区段长度内的搭接接头均属于同一连接区段，如图 1-13 所示。

同一连接区段内纵向受力钢筋搭接接头面积百分率为该区段内有搭接接头的纵向受力钢筋与全部纵向受力钢筋截面面积的比值。同一连接区段内纵向受力钢筋搭接接头面积百分率宜满足要求。钢筋搭接接头面积百分率按下列公式计算：

$$l_1 = \xi_1 l_a$$

$$l_{IE} = \xi_1 l_{aE}$$

式中　l_1——纵向受拉钢筋的搭接长度；

　　　l_{IE}——纵向受拉钢筋的抗震搭接长度；

l_a——纵向受拉钢筋的锚固长度；

l_{aE}——纵向受拉钢筋的抗震锚固长度；

ξ_l——纵向受拉钢筋搭接长度修正系数；当纵向受拉钢筋搭接接头面积百分率≤ 25％时取1.2，当纵向受拉钢筋搭接接头面积百分率≤50％时取1.4，当纵向 受拉钢筋搭接接头面积百分率≤100％时取1.6。

当纵向受力钢筋搭接接头百分率在25％～50％之间时，公式为：

$$\xi_l = 1 + 0.2 \times 实际百分率/25\%$$

当纵向受力钢筋搭接接头百分率在50％～100％之间时，公式为：

$$\xi_l = 1.2 + 0.2 \times 实际百分率/50\%$$

（2）位于同一连接区段内的受压钢筋搭接接头面积百分率：

1）梁类，板类及墙类构件，不宜大于25％。

2）柱类构件，不宜大于50％。

3）当工程中需要增大受拉钢筋搭接接头面积百分率时，梁类构件不宜大于50％；板 类，墙类及柱类构件，可根据实际情况放宽。

（3）梁板受弯构件，按一侧纵向受拉钢筋面积计算搭接接头面积百分率，即上部、下 部钢筋分别计算；柱、剪力墙按全截面钢筋面积计算搭接接头面积百分率。

（4）搭接钢筋接头除满足接头百分率的要求外，宜交错式布置，不应相邻钢筋接头连 续布置；如钢筋直径相同，接头面积百分率为50％时隔一搭一，接头面积百分率为25％ 时隔三搭一。

（5）直径不相同钢筋搭接时，不应因直径不同钢筋搭接而使构件截面配筋面积减少， 需按较小钢筋直径计算搭接长度及接头面积百分率，如图1-14所示。

相邻纵向受力钢筋直径不同时，各自的搭接长度也不同，此时连接区段长度应按相邻 搭接钢筋中较大直径钢筋搭接长度的1.3倍计算。如图1-15所示。

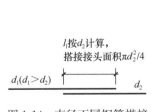

图1-14 直径不同钢筋搭接
接头面积示意图

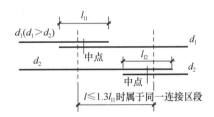

图1-15 直径不同钢筋搭接连接
区段长度计算示意图

2. 机械连接

（1）钢筋机械连接接头性能根据极限抗拉强度，残余变形，最大力下总伸长率以及高 应力和大变形条件下反复拉压性能，分为Ⅰ级、Ⅱ级、Ⅲ级三个等级，其接头的极限抗拉 强度应符合见表1-9要求。Ⅰ级，Ⅱ级，Ⅲ级接头尚应符合《钢筋机械连接技术规程》 JGJ 107-2016相关规定。

（2）纵向受力钢筋机械连接接头保护层：条件允许时，钢筋连接件的混凝土保护层厚 度宜符合本图集的规定，且不应小于0.75倍钢筋保护层最小厚度和15mm的较大值。必要时可对连接件采取防锈措施。连接件之间的横向净距不宜小于 25mm。

（3）钢筋机械连接的连接区段长度为 $35d$（d 为连接钢筋的较小直径）。同一连接区段内纵向受拉钢筋接头百分率不宜大于 50%，受压时接头百分率可不受限制。纵向受力钢筋的机械连接接头宜相互错开。位于同一连接区段内钢筋机械连接接头的面积百分率应符合下列要求：

<table>
<tr><td colspan="4" align="center">接头极限抗拉强度表   表 1-9</td></tr>
<tr><td>接头等级</td><td align="center">Ⅰ级</td><td align="center">Ⅱ级</td><td align="center">Ⅲ级</td></tr>
<tr><td>极限抗拉强度</td><td align="center">$f^0_{mst} \geqslant f_{stk}$ 钢筋拉断
或 $f^0_{mst} \geqslant 1.10 f_{stk}$ 连接件破坏</td><td align="center">$f^0_{mst} \geqslant f_{stk}$</td><td align="center">$f^0_{mst} \geqslant 1.25 f_{fk}$</td></tr>
</table>

注：1. 钢筋拉断指断于钢筋母材、套筒外钢筋丝头和钢筋墩粗过渡段。

    2. 连接件破坏指断于套筒、套筒纵向开裂或钢筋从套筒中拔出以及其他连接组件破坏。

    3. f_{stk} 为钢筋极限抗拉强度标准值；f^0_{stk} 为接头试件实测极限抗拉强度；f_{mst} 为钢筋屈服强度标准值。

1）抗震设计的框架梁端，柱端箍筋加密区，不宜设置接头。当无法避开时，应采用Ⅱ级接头或Ⅰ级接头，接头面积百分率均不应大于 50%，如图 1-16 所示。

2）框架梁端，柱端的箍筋加密区以外，在内力较小处当接头面积百分率大于 50% 时，应采用Ⅰ级接头。

3）延性要求不高部位可采用Ⅲ级接头，其接头百分率不应大于 25%，如图 1-17 所示。

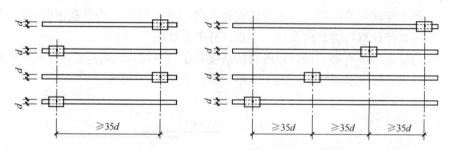

图 1-16 接头百分率 50%（钢筋直径   图 1-17 接头百分率 25%（钢筋直径
相同时）示意图   相同时）示意图

4）不同直径钢筋机械连接时，接头面积百分率按较小直径计算。同一构件纵向受力钢筋直径不同时，连接区段长度按较大直径计算，如图 1-18 所示。

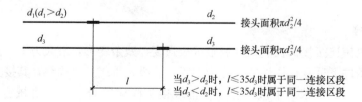

图 1-18 不同直径钢筋机械连接区段示意图

3. 焊接

常用焊接方法包括：电阻点焊、闪光对焊、电渣压力焊、气压焊、电弧焊等，在使用中应注意：

（1）电阻点焊：用于钢筋焊接骨架和骨架焊接网。焊接骨架较小钢筋直径不大于 10mm 时，大、小钢筋直径之比不宜大于 3；较小直径为 12～16mm 时，大、小钢筋直径之比不宜大于 2。焊接网较小钢筋直径不得小于较大直径的 60%。

（2）闪光对焊：钢筋直径较小，钢筋牌号较低。在《钢筋焊接及验收规程》JGJ 18—2012 表 4.3.2 规定的范围内，可采用"连续闪光对焊"；当钢筋直径超过该规程表 4.3.2 规定，端面较平整时，宜采用"预热闪光焊"；当钢筋直径超过该规程表 4.3.2 规定且端面不平整时，宜采用"闪光-预热闪光焊"。连续闪光对焊所能焊接的钢筋直径上限应根据焊接容量、钢筋牌号等具体情况而定。闪光对焊时钢筋差不得超过 4mm。

（3）电渣压力焊：仅应用于柱、墙等构件中竖向或斜向（倾斜角度不大于 10°）钢筋。不同直径钢筋焊接时径差不得超过 7mm。

（4）气压焊：可用于钢筋在垂直位置、水平位置或倾斜位置的对接焊接。不同直径钢筋焊接时径差不得超过 7mm。

（5）电弧焊：包括帮条焊、搭接焊、坡口焊、窄间隙焊和熔槽帮条焊。帮条焊、熔槽帮条焊使用时应注意钢筋间隙的要求。窄间隙焊用于直径≥16mm 钢筋的现场水平连接。熔槽帮条焊用于直径≥20mm 钢筋的现场安装焊接。

（6）不同直径钢筋焊接连接时，接头面积百分率按较小直径计算。同一构件纵向受力钢筋直径不同，连接区段长度按较大直径计算，如图 1-19 所示。

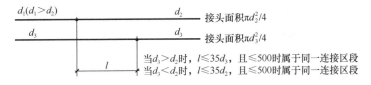

图 1-19　不同直径钢筋焊接连接区段示意图

1.1.7　并筋

由两根单独钢筋组成的并筋可按竖向或横向的方式布置，柱中具体排布形式应在施工图设计文件中明确说明，由 3 根单独钢筋组成的并筋宜按品字形布置。直径≤28mm 的钢筋并筋数量不应超过 3 根；直径 32mm 的钢筋并筋数量宜为 2 根；直径≥36mm 的钢筋不应采用并筋。

图 1-20　并筋形式示意图

并筋等效直径按截面积相等原则换算确定。当直径相同的单根钢筋数量为 2 根时，并筋有效直径取 1.41 倍单根钢筋直径；当直径相同的单根钢筋数量为 3 根时，并筋等效直径取 1.73 倍单根钢筋直径，如图 1-20、表 1-10 所示。

例如：单根直径 d 为 25 时，直径相同的单根钢筋数量为 2 根时，并筋有效直径取 1.41 倍单根钢筋直径，即 $25 \times 1.41 = 35.25 \approx 35$（四舍五入）。

当采用并筋时，构件中钢筋间距，钢筋基本锚固长度及保护层厚度都应按并筋的等效直径计算，且并筋的锚固宜采用直线锚固。并筋保护层厚度除应满足图集要求外，其实际外轮廓边缘至混凝土外边缘距离尚不应小于并筋的等效直径，如图1-21、图1-22所示。

梁并筋等效直径、最小净距表			表 1-10
单筋直径 d	25	28	32
并筋根数	2	2	2
等效直径 d_{se}	35	39	45
层净距 S_t	35	39	45
上部钢筋净距 S_2	53	59	68
下部钢筋净距 S_3	35	39	45

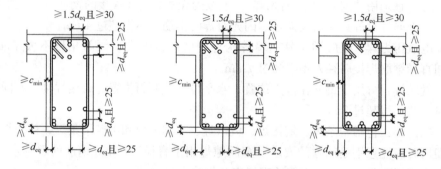

图 1-21　梁混凝土保护层厚度、钢筋间距要求示意图

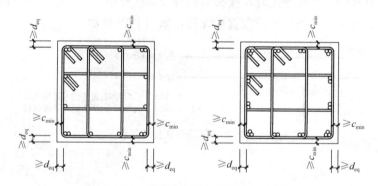

图 1-22　柱混凝土保护层厚度示意图

并筋采用绑扎搭接连接时，应按每根单筋错开搭接的方式连接。接头百分率应按同一连接区段内所有的单根钢筋计算，并筋中钢筋的搭接长度应按单筋分别计算。

1.1.8　钢筋代换

在工程中由于材料供应等原因，往往会对钢筋混凝土构件中的受力钢筋进行代换。钢筋代换一般不可以简单地采用高于设计牌号的钢筋等面积代换；采用相同牌号钢筋时，不可以采用钢筋直径大于原设计值的钢筋代换，也不可以采用钢筋截面面积大于原设计值的做法。特别是在有抗震设防要求的框架梁、柱、转换梁、剪力墙的边缘构件等部位，当代换后的纵向钢筋总承载力设计值大于原设计纵向钢筋总承载力设计值时，会造成薄弱部位的转移，会使某些构件或某个部位发生混凝土的脆性破坏（混凝土压碎、剪切破坏等），对结构并不安全。

钢筋代换应遵循以下原则：

（1）当需要进行钢筋代换时，应办理设计变更文件。钢筋代换主要包括钢筋的品种、级别、规格、数量等的改变。

（2）当进行钢筋代换时，应符合设计要求的构件承载力，最大力下的总伸长率以及抗震规定。

（3）钢筋强度和直径改变后，应验算正常使用阶段的挠度和裂缝宽度在允许范围内。

（4）当进行钢筋代换时，应满足最小配筋率、最大配筋率、钢筋间距、保护层厚度、钢筋锚固长度、接头百分率及搭接长度等构造要求。

（5）同一钢筋混凝土构件中，同一部位纵向受力钢筋应采用同一牌号的钢筋。

1.2 钢筋施工工艺

1.2.1 钢筋加工

1. 钢筋配料

根据构件配料图，绘制出各种钢筋形状和规格的单根钢筋简图并加以编号，然后分别计算钢筋下料长度和根数，填写配料单，根据配料单加工。

钢筋的下料长度应结合混凝土保护层厚度、钢筋弯曲、弯钩等规定，然后根据图中尺寸计算。

直钢筋下料长度＝构件长度－保护层厚度＋弯钩增加长度

弯起钢筋下料长度＝直段长度＋斜段长度－弯曲调整值＋弯钩增加长度

箍筋下料长度＝箍筋周长＋箍筋调整值

钢筋需要搭接时，还应增加钢筋搭接长度。

2. 钢筋调直

钢筋调直可采用钢筋调直机和卷扬机冷拉调直。

采用钢筋调直机调直时，要根据钢筋的直径选用调直模和传送压辊，并正确掌握调直模的偏移量和压辊的压紧程度。

采用卷扬机冷拉调直钢筋时，钢筋调直场地应根据钢筋长度及冷拉率设置好伸长标识，钢筋的冷拉率应符合国家现行有关标准。

3. 钢筋切断

采用钢筋切断机断料时，宜在工作台上标出尺寸刻度线并设置控制断料尺寸的挡板，以保证断料尺寸。钢筋的断口不得有马蹄形或起弯等现象。

当纵向受力钢筋接头采用焊接（电渣压力焊、闪光对焊等）或机械连接（套筒挤压、直螺纹等连接）时，采用无齿锯下料，不得用电焊、气割等加热方法切断；切口应平直，并与钢筋轴线垂直，不得有马蹄形或扭曲。

4. 弯曲调整值

度量差值，是指弯弧中心线与直线段的差值。根据《混凝土结构工程施工质量验收规范》GB 50204—2015 钢筋弯折的弯弧内径应符合下列规定：

（1）光圆钢筋，不应小于钢筋直径的 2.5 倍。

（2）335MPa、400MPa 级带肋钢筋，不应小于钢筋直径的 4 倍。

（3）500MPa 级带肋钢筋，当直径为 28mm 以下时不应小于钢筋直径的 6 倍，如图 1-23 所示。钢筋中心线 1/4 圆的直径是 $7d$，90°圆心角对应的圆周长度＝$7\pi d/4＝5.5d$。

所以，90°弯钩所需要的展开长度为 $11d＋5.5d－4d＝12.5d$

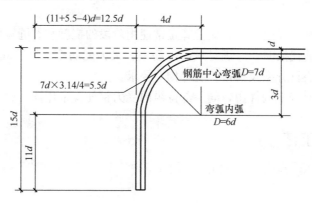

图 1-23　90°弯直钩增加的展开长度（$6d$）推导示意图

当直径为 28mm 及以上时钢筋弯折的弯弧内直径不应小于钢筋直径的 7 倍，如图1-24 所示。钢筋中心线 1/4 圆的直径是 $8d$，90°圆心角对应的圆周长度＝$8\pi d/4＝6.28d$。

所以，90°弯钩所需要的展开长度为 $10d＋6.28d－5d＝11.28d$。

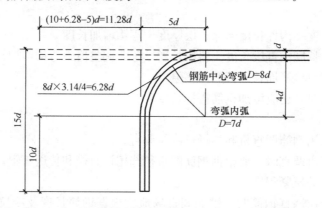

图 1-24　90°弯直钩增加的展开长度（$7d$）推导示意图

根据理论推算并结合实践经验，弯曲调整值见表 1-11。

钢筋弯曲调整值表　　　　　　　　　　　　　　　　表 1-11

钢筋弯曲角度	30°	45°	60°	90°	135°
光圆钢筋弯曲调整值	$0.3d$	$0.54d$	$0.9d$	$1.75d$	$0.38d$
热轧带肋钢筋弯曲调整值	$0.3d$	$0.54d$	$0.9d$	$2.08d$	$0.11d$

1.2.2　钢筋安装

1. 框架柱钢筋绑扎

（1）工艺流程：

1) 弹柱截面位置线、模板外控制线；

2) 剔除柱顶混凝土软弱层至全部露石子；

3) 清理柱筋污染；

4) 对下层伸出的柱预留钢筋位置进行调整；

5) 将柱箍筋叠放在预留钢筋上；

6) 绑扎（焊接或机械连接）柱子竖向钢筋；

7) 确定起步箍筋、最上一组箍筋及柱箍筋加密区上下分界箍筋及位置；

8) 确定钢筋绑扎搭接及上下分界箍筋区段位置；

9) 确定每一区段箍筋数量；

10) 在柱顶绑扎定距框；

11) 绑扎起步箍筋及分界箍筋；

12) 分区段从上到下将箍筋与柱子竖向钢筋绑扎。

（2）施工要点：

1) 套柱箍筋：按图纸要求间距，计算好每根柱子箍筋数量（注意抗震加密区和绑扎接头加密），先将箍筋套在下层伸出的搭接钢筋上，然后绑扎柱钢筋。柱纵筋在搭接长度内，绑扣不少于 3 个，绑扣朝向柱中心。

2) 画箍筋间距线：在柱竖向钢筋上，按图纸要求用粉笔画箍筋间距线（或使用皮数杆控制箍筋间距），并注意标识出起步箍筋、最上一组箍筋及抗震加密区分界箍筋。搭接区分界箍筋位置，机械连接时应尽量避开连接套筒。

3) 柱箍筋绑扎节点：

① 按已画好的箍筋位置线，将已套好的箍筋往上移动，自上而下绑扎，宜采用缠扣绑扎。

② 箍筋与主筋垂直且密贴，箍筋转角处与主筋交点均要绑扎，主筋与箍筋非转角部分的相交点成梅花交错绑扎。

③ 箍筋的弯钩处宜沿柱纵筋顺时针或逆时针方向顺序排布，并绑扎牢固。

④ 柱纵向钢筋、复合箍筋排布应遵循对称均匀原则，箍筋转角处应与纵向钢筋绑扎。

⑤ 柱复合箍筋应采用截面周边外封闭大箍筋加内封闭小箍筋的组合方式（大箍套小箍），内部复合箍筋的相邻两肢形成一个内封闭小箍，当复合箍筋的肢数为单数时，设一个单肢箍。沿外封闭箍筋周边箍筋局部重叠不宜多于两层。

⑥ 若在同一组内复合箍筋各肢位置不能满足对称性要求，钢筋绑扎时，沿柱竖向相邻两组箍筋位置应交错对称排布。

⑦ 柱内部复合箍筋采用拉筋时，拉筋需同时勾住纵向钢筋和外封闭箍筋。

2. 框架梁绑扎

（1）工艺流程：

1) 在下铁钢筋下垫木方；

2) 铺设下铁通长钢筋；

3) 确定起步箍筋、左右两侧箍筋加密区分界箍筋位置；

4) 确定钢筋绑扎搭接区段分界箍筋位置；

5）套梁箍筋；

6）穿梁上铁通长钢筋；

7）将箍筋与梁主筋固定、绑扎；

8）穿下铁非通长钢筋；

9）非通长钢筋与梁箍筋绑扎；

10）穿梁腰筋；

11）梁腰筋与箍筋绑扎。

（2）施工要点：

1）先穿主梁的下部纵向受力钢筋及弯起钢筋，在铺设好的通长下铁上，按图纸要求用粉笔画箍筋间距线，特别注意标识出起步箍筋，抗震加密区分界箍筋及搭接区分界箍筋位置，摆好箍筋。

2）将箍筋按已画好的间距逐个分开；穿次梁的下部纵向受力钢筋及弯起钢筋，并套好箍筋；放主次梁的架立筋；隔一定间距将架立筋与箍筋绑扎牢固；调整箍筋间距，使间距符合设计要求，绑架立筋，再绑主筋，主次梁同时配合进行。

3）框架梁上部纵向钢筋应贯穿中间节点，梁下部纵向钢筋伸入中间节点锚固长度及伸过中心线的长度要符合设计要求。框架梁纵向钢筋在端节点内的锚固长度也要符合设计要求。

4）梁箍筋绑扎要点：

① 绑梁上部纵向筋的箍筋宜用套扣法绑扎。

② 箍筋弯钩在梁中宜交错绑扎。

③ 梁端第一个箍筋应设置在距离柱节点边缘 50mm 处。在不同配置要求的箍筋区域分界处应绑扎分界箍筋，分界箍筋应按相邻区域配置要求较高的箍筋配置。

④ 梁两侧腰筋联系，绑扎拉筋时，应同时勾住腰筋与箍筋。当梁侧向拉筋多于一排时，相邻上下排拉筋应错开绑扎。

⑤ 施工时，梁箍筋加密区的设置、纵向钢筋搭接区箍筋的配置应以设计要求为准。

⑥ 梁上部纵筋、下部纵筋及复合箍筋排布时应遵循对称均匀原则。

⑦ 梁复合箍筋肢数宜为双数；当复合箍筋的肢数为单数时，设一个单肢箍。

3. 框架梁柱节点钢筋绑扎

（1）工艺要求：

1）摆放框架柱箍筋，先不绑扎；

2）绑扎 X 方向梁主要钢筋（在下铁钢筋下垫方木；铺设下铁通长钢筋；套梁箍筋；穿梁上铁通长钢筋；将箍筋与梁主筋固定、绑扎；穿下铁非通长钢筋；非通长钢筋与梁箍筋绑扎）；

3）绑扎 Y 方向梁主要钢筋（在下铁钢筋下垫方木；铺设 Y 方向下铁通长钢筋；位置在 X 方向下铁上；套梁箍筋；穿梁上铁通长钢筋，位置在 X 方向上铁上；将箍筋与梁主筋固定、绑扎；穿下铁非通长钢筋；非通长钢筋与梁箍筋绑扎）；

4）固定、绑扎框架柱箍筋；

5）穿 X、Y 方向梁腰筋、绑扎；

6）撤出木方，同时加保护层垫块。

（2）施工要点：

1）梁柱同宽或梁与柱一侧平齐时，梁外侧纵向钢筋按1∶12缓斜向弯折排布于柱外侧纵筋内侧，梁纵向钢筋弯起位置箍筋应紧贴纵向钢筋。

2）在绑扎节点处平面相交叉、底部标高相同的框架梁时，可将一方向的梁下部纵向钢筋在支座处按1∶12缓斜向弯折排布于另一方向梁下部同排纵向钢筋之上，梁下部纵向钢筋保护层厚度不变。在梁下部纵向钢筋弯起位置箍筋应紧贴纵向钢筋，并绑扎牢固。

3）梁纵向钢筋在节点处绑扎时，可适当排布躲让，但同一根梁，其上部纵筋向下躲让与下部纵筋向上躲让不应同时进行；当无法避免时，应由设计单位对该梁按实际截面有效高度进行核算。

4）钢筋排布躲让时，梁上部纵筋向下（或梁下部纵筋向上）竖向位移距离不得大于需躲让的纵筋直径。

5）当梁上部（或下部）纵向钢筋多于一排时，其他排纵筋在节点内的构造要求与第一排纵筋相同。

6）节点内锚固或贯通的钢筋，当钢筋交叉时，可点接触，但节点内平行的钢筋不应线状接触，应保持最小净距（25mm）。

7）框架顶层端节点外角需绑扎角部附加钢筋。角部附加筋应与柱箍筋及柱纵筋可靠绑扎。

（3）柱、梁钢筋搭接方式：

1）柱角部的纵向钢筋搭接宜选用同层搭接或内侧搭接。

2）柱角部箍筋135°弯钩处平直段应确保箍筋与纵向钢筋贴合紧密。

3）柱角部纵向钢筋搭接若采用斜向搭接时，搭接纵向钢筋由搭接位置自然弯曲恢复至原位纵筋的位置。

4）柱非角部纵向钢筋搭接应选用同层搭接，尽量避免内侧搭接或斜向搭接。

5）梁纵向钢筋搭接应采用同层搭接。

4. 剪力墙钢筋绑扎

（1）工艺流程：

1）在顶板上弹墙体外皮线和模板外控制线；

2）调正纵向钢筋位置；

3）接长竖向钢筋并检查接头质量；

4）绑竖向和水平梯子筋；

5）绑扎暗柱及门窗连梁钢筋；

6）绑墙体水平钢筋；

7）设置拉钩和垫块。

（2）施工要点：

1）弹墙体外皮线、模外控制线，清理受污甩槎钢筋。根据保护层厚度，按1∶6校正甩槎立筋，如有较大位移时，应与设计方协商处理。

2）接长竖向钢筋，对钢筋进行预检，先安装预制的竖向和水平梯子筋（梯子筋如代替竖向钢筋，应大于墙体竖向钢筋一个规格，梯子筋中控制墙厚度的横档钢筋的长度比墙厚小2mm，端部用无齿锯锯平后刷防锈漆），并注意吊垂直；再绑扎暗柱和门过梁钢筋，一道墙一般以设置2～3个竖向梯子筋为宜；然后绑扎墙体水平钢筋。

3）剪力墙第一根竖向分布钢筋在距离暗柱边缘一个竖向分布筋间距处开始布置。第一根水平分布钢筋在距离地面（基础顶面）50mm处开始布置（当与边缘构件或边框柱中箍筋位置冲突时，可置于箍筋上方）。

4）墙钢筋为双向受力钢筋，用顺扣绑扎墙体钢筋，各点交错绑扎，绑扎墙上所有交叉点的锚固长度、搭接长度及错开要求应符合设计要求。

5）剪力墙转角部位，当水平分布筋连续通过，并在暗柱外侧搭接时，如两侧墙体水平分布筋规格不同，应将大规格钢筋转过暗柱，在小规格钢筋一侧搭接。

6）绑扎双排钢筋之间的拉筋，拉筋规格、间距应符合设计要求。墙身拉筋应同时勾住竖向分布筋与水平分布筋。当墙身分布筋多于两排时，拉筋应与墙身内部的每排竖向和水平分布筋同时绑扎牢固。绑扎拉钩时，应先采用工具式卡具卡住后再弯，宜保证钢筋排距不变。

7）在墙筋外侧绑扎水泥砂浆垫块（带有铅丝或穿丝孔）或塑料卡，保证保护层厚度。垫块安装间距应不大于1000mm，呈梅花形布置。

8）在洞口竖筋上画处标高线，按设计要求绑扎连梁钢筋，连梁箍筋及暗柱箍筋采用缠扣绑扎。

5．钢筋加工的允许偏差

钢筋加工的形状、尺寸应符合设计要求，其偏差应符合表1-12。

钢筋加工的允许偏差表　　　　　　　　　　　　　　　　　　表 1-12

项目	允许偏差（mm）
受力钢筋沿长度方向的净尺寸	±10
弯起钢筋的弯折位置	±20
箍筋外廓尺寸	±5

6．钢筋安装及检验方法

因考虑到纵向受力钢筋锚固长度对结构受力性能的重要性，所以增加了锚固长度的允许偏差要求；梁、板类构件上部受力钢筋的位置对结构构件的承载能力有重要影响，由于上部纵向受力钢筋移位而引发的事故通常较为严重，应加以避免，见表1-13。

钢筋安装允许偏差及和检验方法表　　　　　　　　　　　　　表 1-13

项目		允许偏差（mm）	检验方法
绑扎钢筋网	长、宽	±10	尺量
	网眼尺寸	±20	尺量连续三档，取最大偏差值
绑扎钢筋骨架	长	±10	尺量
	宽、高	±5	尺量

续表

项目		允许偏差 （mm）	检验方法
纵向受力钢筋	锚固长度	−20	尺量
	间距	±10	尺量两端，中间各一点， 取最大偏差值
	排距	±5	
纵向受力钢筋、箍筋的 混凝土保护层厚度	基础	±10	尺量
	柱、梁	±5	尺量
	板、墙、壳	±3	尺量
绑扎箍筋、横向钢筋间距		±20	尺量连续三档，取最大偏差值
钢筋弯起点位置		20	尺量，沿纵、横两个方向量测， 并取其中偏差的较大值
预埋件	中心线位置	5	尺量
	水平高差	+3.0	塞尺量测

7. 钢筋每米重量计算方法（表 1-14）

（1）$0.00617 \times d^2$（d 为钢筋直径）。

（2）单位理论重量可查表 1-14 直接找到（截面面积×7850kg/m³）。

例如：公称直径为 20mm 时，单位理论重量计算方法为：314.2（$\pi \times$ 钢筋半径²）×7850＝2.46647≈2.47kg/m

钢筋每米长度理论重量　　　　　　　　　　　　　　表 1-14

公称直径 （mm）	单根钢筋理论 重量（kg/m）	截面面积 （mm²）	公称直径 （mm）	单根钢筋理论 重量（kg/m）	截面面积 （mm²）
6	0.222	28.3	18	2.00	254.5
6.5	0.260	33.2	20	2.47	314.2
8	0.395	50.3	22	2.98	380.1
10	0.617	78.5	25	3.85	490.9
12	0.888	113.1	28	4.83	615.8
14	1.21	153.9	32	6.31	804.2
16	1.58	201.1	36	7.99	1017.9

第 2 章　基础构件识图与钢筋翻样

基础自身钢筋的绑扎搭接长度为 l_1，锚固长度为 l_a、l_{ab}。当设计者在施工图中要求基础自身的钢筋连接与锚固按抗震设计处理时，对应的绑扎搭接长度为 l_{lE}，锚固长度为 l_{aE}、l_{abE}。

2.1　独立基础

2.1.1　独立基础平法制图规则

独立基础平法施工图，有平面注写与截面注写两种表达方式，设计者可根据具体工程情况选择一种，或两种方式相结合进行独立基础的施工图设计。

当绘制独立基础平面布置图时，应将独立基础平面与基础所支承的柱一起绘制。当设置基础联系梁时，可根据图面的疏密情况，将基础联系梁与基础平面布置图一起绘制，或将基础联系梁平面布置图单独绘制。

在独立基础平面布置图上应标注基础定位尺寸；当独立基础的柱中心线或怀口中心线与建筑轴线不重合时，应标注其定位尺寸。编号相同且定位尺寸相同的基础，可仅选择一个进行标注。

1. 独立基础编号

各种独立基础编号按见表 2-1 规定。

独立基础编号表　　　　　　　　　　　　　　　　　　表 2-1

类型	基础底板截面形状	代号	序号
普通独立基础	阶形	DJ$_J$	××
	坡形	DJ$_P$	××
杯口独立基础	阶形	BJ$_J$	××
	坡形	BJ$_P$	××

设计时应注意：当独立基础截面形状为坡形时，其坡面应采用能保证混凝土浇筑、振捣密实的较缓坡度；当采用较陡坡度时，应要求施工采用在基础顶部坡面加模板等措施，以保证独立基础的坡面浇筑成型、振捣密实。

2. 独立基础的平面注写方式

独立基础的平面注写方式，分为集中标注和原位标注两部分内容。

普通独立基础和杯口独立基础的集中标注，系在基础平面图上集中引注：基础编号、截面竖向尺寸、配筋三项必注内容，以及基础底面标高（与基础底面基准标高不同时）和必要的文字注解两项选注内容。

素混凝土普通独立基础的集中标注，除无基础配筋内容外均与钢筋混凝土普通独立基础相同。

独立基础集中标注的具体内容规定如下。

（1）注写独立基础编号（必注内容），独立基础底板的截面形状通常有两种：

1）阶形截面编号加下标"J"，如 $DJ_J\times\times$、$BJ_J\times\times$；

2）坡形截面编号加下标"P"，如 $DJ_P\times\times$、$BJ_P\times\times$。

（2）注写独立基础截面竖向尺寸（必注内容）。下面按着通独立基础和林口独立基础分别进行说明。

1）普通独立基础。注写 $h_1/h_2/\cdots\cdots$，具体标注为：

① 当基础为阶形截面时，如图 2-1 所示。当基础为单阶时，其竖向尺寸仅为一个，即为基础总高度；当为更多阶时，各阶尺寸自下而上用"/"分隔顺写。

【例】当阶形截面普通独立基础 DJJ×× 竖向尺寸注写为 400/300/300 时，表示 $h_1 =$ 400mm、$h_2 = $300mm、$h_3 = $300mm，基础底板总高度为 1000mm。

② 当基础为坡形截面时，注写为 h_1/h_2，如图 2-2 所示。

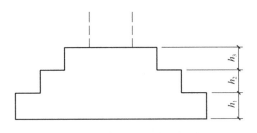 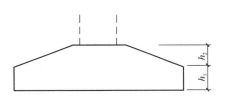

图 2-1　阶形截面普通独立基础　　　　图 2-2　坡形截面普通独立基础
　　　竖向尺寸示意图　　　　　　　　　　　竖向尺寸示意图

【例】当坡形截面普通独立基础 DJp×× 的竖向尺寸注写为 350/300 时，表示 $h_1 = $ 350mm、$h_2 = $300mm，基础底板总高度为 650mm。

2）杯口独立基础：

① 当基础为阶形截面时，其竖向尺寸分两组，一组表达杯口内，另一组表达杯口外，两组尺寸以","分隔，注写为：a_0/a_1，$h_1/h_2\cdots\cdots$其含义如图 2-3 所示，其中杯口深度 a_0 为柱插入杯口的尺寸加 50mm，如图 2-3 所示。

② 当基础为坡形截面时，注写为 a_0/a_1，$h_1/h_2/h_3\cdots\cdots$其含义如图 2-4 所示。

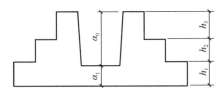 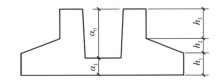

图 2-3　阶形截面杯口独立基础　　　　图 2-4　坡形截面杯口独立基础竖
　　　竖向尺寸示意图　　　　　　　　　　　向尺寸示意图

（3）注写独立基础配筋（必注内容）

1）注写独立基础底板配筋。普通独立基础和杯口独立基础的底部双向配筋注写规定如下：

① 以 B 代表各种控立基础底板的底部配筋。

② X 向配筋以 X 打头、Y 向配筋以 Y 打头注写；当两向配筋相同时，到以 X&Y 打头注写。

2）注写杯口独立基础顶部焊接钢筋网。以 S_n 打头引注杯口顶部焊接钢筋网的各边钢筋。当双杯口独立基础中间杯壁厚度小于 400mm 时，在中间杯壁中配置构造钢筋见相应标准构造详图，设计不注。

3）注写高杯口独立基础的短柱配筋（亦适用于杯口独立基础杯壁有配筋的情况）。具体注写规定如下：

① 以 0 代表短柱配筋。

② 先注写短柱纵筋，再注写箍筋。注写为：角筋/长边中部筋/短边中部筋，箍筋（两种间距）；当短柱水平截面为正方形时，注写为：角筋/x 边中部筋/y 边中部筋，箍筋（两种间距，短柱杯口壁内箍筋间距/短柱其他部位箍筋间距）。

③ 对于双高杯口独立基础的短柱配筋，注写形式与单高杯口相同。当双杯口独立基础中间杯壁厚度小于 400mm 时，在中间杯壁中配置构造钢筋见相应标准构造详图，设计不注。

4）注写普通独立基础带短柱竖向尺寸及钢筋。当独立基础埋深较大，设置短柱时，短柱配筋应注写在独立基础中。具体注写规定如下：

① 以 DZ 代表普通独立基础短柱。

② 先注写短柱纵筋，再注写箍筋，最后注写短柱标高范围。注写为：角筋/长边中部筋/短边中部筋，箍筋，短柱标高范围。当短柱水平截面为正方形时，注写为：角筋/x 边中部筋/y 边中部筋，箍筋，短柱标高范围。

（4）注写基础底面标高（选注内容）。当独立基础的底面标高与基础底面基准标高不同时，应将独立基础底面标高直接注写在括号内。

（5）必要的文字注解（选注内容）。当独立基础的设计有特殊要求时，宜增加必要的文字注解。例如，基础底板配筋长度是否采用简短方式等，可在该项内注明。

3. 独立基础原位标注

钢筋混凝土和素混凝土独立基础的原位示注，系在基础平面布置图上标注独立基础的平面尺寸。对相同编号的基础，可选择一个进行原位标注；当平面图形较小时，可将所选定进行原位标注的基础按比例适当放大；其他相同编号相同者仅注编号。

原位示注的具体内容规定如下：

（1）普通独立基拙。原位示注 x、y、x_c、y_c，（或圆柱直径 d_c），x_i、y_i，$i=1,2,3\cdots$。其中，x、y 为普通独立基础两向边长，x_c、y_c 为柱截面尺寸，x_i、y_i 为阶宽或坡形平面尺寸（当设置短柱时，尚应标注短柱的截面尺寸），如图 2-5 所示。

（2）杯口独立基础。原位标注 x、y、x_u、y_u、t_i、x_i、y_i，$i=1,2,3\cdots$。其中，x、y 为杯口独立基础两向边长，x_u、y_u 为杯口上口尺寸，t_i 为杯壁上口厚度，下口厚度为 t_i+ 25mm，x_i、y_i 为阶宽或坡形截面尺寸。杯口上口尺寸 x_u、y_u，按柱截面边长两侧双向各加 75mm；杯口下口尺寸按标准构造详图（为插入杯口的相应柱截面边长尺寸，每边各加 50mm），设计不注。如图 2-6 所示。

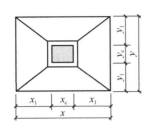

图 2-5　对称坡形截面普通独立
基础原位标注示意图

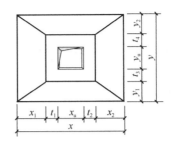

图 2-6　坡形截面杯口独立基础
原位标注示意图

设计时应注意：当设计为非对称坡形截面独立基础且基础底板的某边不放坡时，在原位放大绘制的基础平面图上，或在圈引出来放大绘制的基础平面图上，应按实际放坡情况绘制分坡线。

独立基础通常为单柱独立基础，也可为多柱独立基础（双柱或四柱等）。多柱独立基础的编号、几何尺寸和配筋的标注方法与单柱独立基础相同。当为双柱独立基础且柱距较小时，通常仅配置基础底部钢筋；当柱距较大时，除基础底部配筋外，尚需在两柱间配置基础顶部钢筋或设置基础梁；当为四柱独立基础时，通常可设置两道平行的基础梁，需要时可在两道基础梁之间配置基础顶部钢筋。

多柱独立基础顶部配筋和基础梁的注写方法规定如下：

1）注写双柱独立基础底板顶部配筋。双柱独立基础的顶部配筋，通常对称分布在双柱中心线两侧。以大写字母"T"打头，注写为：双柱间纵向受力钢筋/分布钢筋。当纵向受力钢筋在基础底板顶面非满布时，应注明其总根数。

2）注写双柱独立基础的基础梁配筋。当双柱独立基础为基础底板与基础梁相结合时，注写基础梁的编号、几何尺寸和配筋。如 JLxx（1）表示该基础梁为 1 跨，两端无外伸；JLxx（1A）表示该基础梁为 1 跨，一端有外伸；JLxx（1B）表示该基础梁为 1 跨，两端均有外伸。

通常情况下，双柱独立基础宜采用端部有外伸的基础梁，基础底板则采用受力明确、构造简单的单向受力配筋与分布筋。基础梁宽度宜比柱截面宽出不小于 100mm（每边不小于 50mm）。

3）注写双柱独立基础的底板配筋。双柱独立基础底板配筋的注写，可以按条形基础底板的注写规定，也可以按独立基础底板的注写规定。

4）注写配置两道基础梁的四柱独立基础底板顶部配筋。当四柱独立基础已设置两道平行的基础梁时，根据内力需要可在双梁之间及梁的长度范围内配置基础顶部钢筋，注写为：梁间受力钢筋/分布钢筋。平行设置两道基础梁的四柱独立基础底板配筋，也可按双梁条形基础底板配筋的规定注写。

4. 独立基础的截面注写方式

独立基础的截面注写方式，又可分为截面标注和列表注写（结合截面示意图）两种表达方式。

对单个基础进行截面标注的内容和形式，与传统"单构件正投影表示方法"基本相同。对于已在基础平面布置图上原位标注清楚的该基础的平面几何尺寸，在截面图上可不再重复表达，具体表达内容可参照本图集中相应的标准构造。

对多个同类基础，可采用列表注写（结合截面示意图）的方式进行集中表达。表中内容为基础截面的几何数据和配筋等，在截面示意图上应标注与表中栏目相对应的代号。列表的具体内容规定如下：

(1) 普通独立基础。普通独立基础列表集中注写栏目为：

1) 编号：阶形截面编号为 DJ_Jxx，坡形截面编号为 DJ_Pxx。

2) 几何尺寸：水平尺寸 x、y、x_c、y_c，（或圆柱直径 d_c），x_i、y_i，$i=1$、2、3……；竖向尺寸 h_1/h_2……。

3) 配筋：B：X：Φxx@xxx，Y：Φxx@xxx

(2) 杯口独立基础。杯口独立基础列表集中注写栏目为：

1) 编号：阶形截面编号为 BJ_Jxx，坡形截面编号为 BJ_Pxx。

2) 几何尺寸：水平尺寸 x、y、x_u、y_u、t_i、x_i、y_i，$i=1$、2、3……；竖向尺寸 a_0、a_1，$h_1/h_2/h_3$

3) 配筋：B：X：Φxx@xxx，Y：Φxx@xxx，SnxΦxx，
　　　　 O：xΦxx/Φxx@xxx/Φxx@xxx，Φxx@xxx/xxx

2.1.2 独立基础钢筋翻样

1. 边长＜2500mm

边长＜2500mm 时如图 2-7 所示。

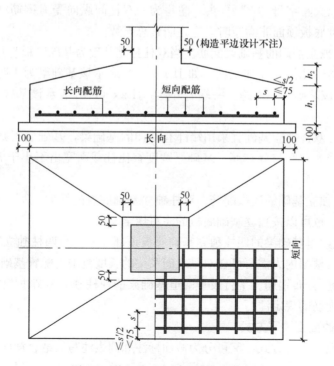

图 2-7 独立基础底板配筋构造示意图

所有底板钢筋的下料长度＝底板边长－2×保护层厚度

底板钢筋的排布范围＝底板边长－2min（75，$S/2$）

S 代表底板长向钢筋间距；S' 代表底板短向钢筋间距。

根数＝底板钢筋的排布范围/间距＋1

2. 边长≥2500mm

（1）对称独立基础（图 2-8）。

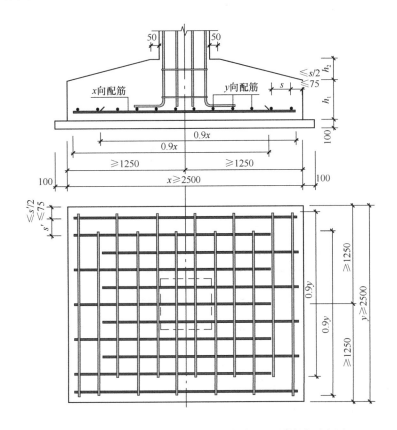

图 2-8　对称独立基础底板配筋长度减短10％构造示意图

底板四周钢筋的下料长度＝底板边长－2×保护层厚度

底板缩减钢筋的下料长度＝0.9×底板边长（不需要扣除保护层）

底板钢筋的排布范围＝底板边长－2min（75，$S/2$）

S 代表底板 x 向钢筋间距；S' 代表底板 Y 向钢筋间距。

根数＝底板钢筋的排布范围/间距＋1（除外侧钢筋外，底板配筋长度可取相应方向底板长度的0.9倍，交错放置。交错布置缩减后的钢筋必须伸过阶形基础的第一台阶。）

缩减钢筋根数＝［底板边长－2min（75，$S/2$）］/S－1

基础边缘的第一道钢筋不宜减少 10％，如果减少了，边角部位会出现无筋素混凝土区。钢筋网片在角部没有收头。无筋素混凝土区对基础安全是有不利影响的。

（2）非对称独立基础（图 2-9）。

当非对称独立基础底板长度≥2500mm 时，但该基础某侧从柱中心至基础底板边缘的距离＜1250mm 时，钢筋在该侧不应减短。

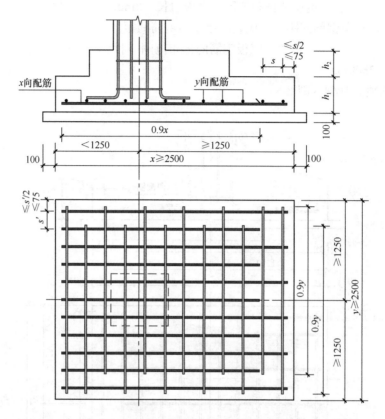

图 2-9　非对称独立基础底板配筋长度减短 10％构造示意图

底板不缩减钢筋的下料长度＝底板边长－2×保护层厚度

底板缩减钢筋的下料长度＝0.9×底板边长（不需要扣除保护层）

底板钢筋的排布范围＝底板边长－2min（75，$S/2$）

钢筋总根数＝［底板边长－2min（75，$S/2$）］/S＋1

当计算数值为奇数时，总根数不变，其中底板不缩减钢筋根数＝底板缩减钢筋根数＋1，即总根数＝底板不缩减钢筋根数＋底板缩减钢筋根数（因为两端有 2 根长度不缩减，减少 10％缩减长度，就要下调 1 根）。

当计算数值为偶数时，总根数不变，其中底板不缩减钢筋根数＝底板缩减钢筋根数，即总根数＝底板不缩减钢筋根数＋底板缩减钢筋根数

3. 双柱独立基础

双柱独立基础如图 2-10 所示。

底部：独立基础底部所有底板钢筋的下料长度＝底板边长－2×保护层厚度

底板钢筋的排布范围＝底板边长－2min（75，$S/2$）

S 代表底板长向钢筋间距；S' 代表底板短向钢筋间距。

根数＝底板钢筋的排布范围/间距＋1

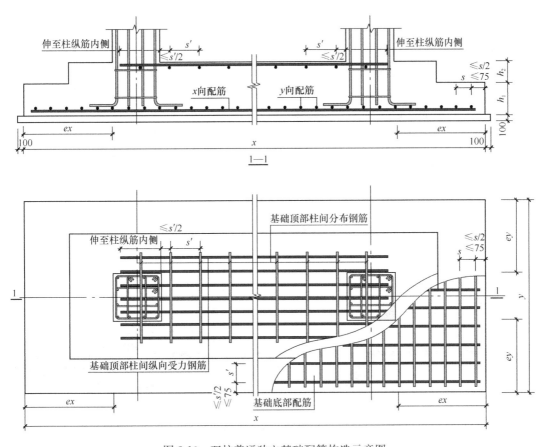

图 2-10　双柱普通独立基础配筋构造示意图

顶部：基础顶部受力钢筋长度＝两柱内皮间净尺寸＋max（l_a，伸至柱纵筋内侧）

受力钢筋根数＝见注明总根数（当纵向受力钢筋在基础底板顶面非满布时）

　　　　　　＝顶部受力钢筋的排布范围/间距＋1（满布时）

基础顶部分布钢筋长度＝顶板边长－2×保护层（满布时）

　　　　　　　　　　＝顶部受力钢筋间距×（根数－1）＋2×35（非满布时）

基础顶部分布钢筋长度＝顶部分布钢筋的排布范围/间距＋1

（基础顶部受力钢筋长度是顶部分布钢筋的排布范围的理论排布长度。）

4. 基础梁的双柱独立基础

基础梁的双柱独立基础如图 2-11 所示。

双柱独立基础底部短向受力钢筋设置在基础梁纵筋之下，与基础梁箍筋的下水平段位于同一层面。

双柱独立基础所设置的基础梁宽度宜比柱宽≥100mm（每边≥50mm），当具体设计的基础梁宽度小于柱宽时，应按构造规定增设梁包柱侧腋。

基础梁部分：基础梁顶部/底部纵筋＝梁长 x－2×保护层厚度＋2×12d

侧面纵筋同梁侧面纵筋。箍筋长度详见相关章节详解。

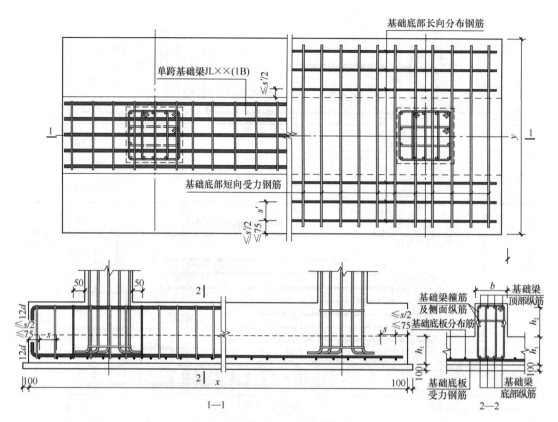

图 2-11 基础梁的双柱独立基础钢筋排布构造示意图

箍筋根数＝(梁长 x－2×保护层厚度)/箍筋间距＋1

基础底板受力钢筋：

底板受力钢筋的下料长度＝底板边长 x－2×保护层厚度

(当基础长度≥2500mm 时，基础底板受力钢筋不应缩减10%)

底板钢筋的排布范围＝底板边长 y－2min(75，S/2)

根数＝底板钢筋的排布范围/间距＋1

基础底部长向分布钢筋的下料长度＝底板边长 y－2×保护层厚度

底板分布钢筋的排布范围＝[(底板边长 y－b)/2]－2min(75，S'/2)

分布筋根数＝(底板分布钢筋的排布范围/间距＋1)×2

5. 高杯口独立基础

高杯口独立基础如图 2-12 所示。

基础底板受力钢筋：

底板受力钢筋的下料长度＝底板边长 x－2×保护层厚度

底板钢筋的排布范围＝底板边长 y－2min(75，S/2)

根数＝底板钢筋的排布范围/间距＋1

基础底部长向分布钢筋的下料长度＝底板边长 y－2×保护层厚度

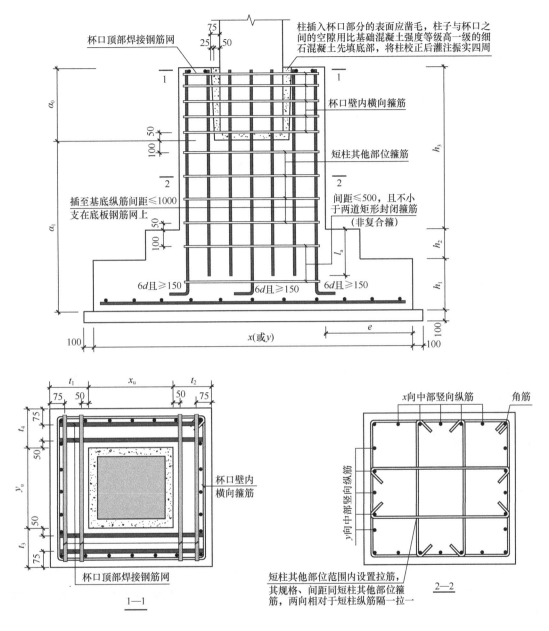

图 2-12　高杯口独立基础钢筋排布构造示意图

底板钢筋的排布范围＝底板边长 $x-2\min(75, S/2)$

根数＝底板钢筋的排布范围/间距＋1

注意：当高杯口基础的短柱外尺寸（e）≥1250mm 时，除外侧钢筋外，底板配筋长度可按减短 10％配置。

短柱钢筋：

高杯口短柱钢筋能够插入基础的实际深度＝$h_1＋h_2$－保护层厚度－底板钢筋直径（扣除 x 方向的受力钢筋的直径和 y 方向的受力钢筋的直径）

高杯口短柱角部钢筋长度＝max（6d，150）＋高杯口短柱钢筋能够插入基础的实际深度＋h_3－短柱上端面保护层厚度＋12d

高杯口短柱角部竖向钢筋根数＝4 根

高杯口短柱中部竖向钢筋长度＝l_a＋h_3－短柱上端面保护层厚度＋12d

高杯口短柱中部竖向钢筋根数＝[t_1＋x_u＋t_2（或 t_3＋y_u＋t_4）－2×保护层厚度]／间距－1(计算数值为一侧)

短柱箍筋长度详见相关章节。

短柱箍筋根数＝max{2,[h_1＋h_2－100－保护层厚度－底板钢筋直径(扣除 x 方向的受力钢筋的直径和 y 方向的受力钢筋的直径)]／500}＋（a_1－100－50－h_1－h_2）／间距＋1(因为靠底部水平外弯处不设箍筋,所以向上取整数后不再加减)

短柱上截（有杯口区段）：a_o。

短柱上截箍筋根数＝（a_o－50－保护层厚度）／间距＋1

拉筋长度详见相关章节。

拉筋根数＝（a_1－100－50－h_1－h_2）／间距＋1(短柱其他部位范围内设置拉筋,其规格间距同短柱其他部位箍筋,两向相对于短柱纵筋隔一拉一)

顶部钢筋网的计算：

x 向钢筋长度＝t_1＋x_u＋t_2－保护层厚度×2　　　　根数为 4 根

y 向钢筋长度＝t_3＋y_u＋t_4－保护层厚度×2　　　　根数为 4 根

2.2　条形基础

2.2.1　条形基础平法制图规则

条形基础平法施工图,有平面注写与截面注写两种表达方式,设计者可根据具体工程情况选择一种,或将两种方式相结合进行条形基础的施工图设计。

当绘制条形基础平面布置图时,应将条形基础平面与基础所支承的上部结构的柱、墙一起绘制。当基础底面标高不同时,需注明与基础底面基准标高不同之处的范围和标高。

当梁板式基础梁中心或板式条形基础板中心与建筑定位轴线不重合时,应标注其定位尺寸;对于编号相同的条形基础,可仅选择一个进行标注。

条形基础整体上可分为梁板式条形基础和板式条形基础两类:

（1）梁板式条形基础。该类条形基础适用于钢筋混凝土框架结构、框架-剪力墙结构、部分框支剪力墙结构和钢结构。平法施工图将梁板式条形基础分解为基础梁和条形基础底板分别进行表达。

（2）板式条形基础。该类条形基础适用于钢筋混凝土剪力墙结构和砌体结构。平法施工图仅表达条形基础底板。

条形基础编号分为基础梁和条形基础底板编号,见表 2-2。

条形基础梁及底板编号表　　　　　　　　　　　　表 2-2

类　型		代　号	序　号	跨数及有无外伸
基础梁		JL	××	（××）端部无外伸
条形基 础底板	坡形	TJB$_P$	××	（××A）一端有外伸
	阶形	TJB$_J$	××	（××B）两端有外伸

1. 基础梁的平面注写方式

（1）基础梁 JL 的平面注写方式，分集中标注和原位标注两部分内容，当集中标注的某项数值不适用于基础梁的某部位时，则将该项数值采用原位标注，施工时，原位标注优先。

（2）基础梁的集中标注内容为：基础梁编号、截面尺寸、配筋三项必注内容，以及基础梁底面标高（与基础底面基准标高不同时）和必要的文字注解两项选注内容。具体规定如下：

1）注写基础梁编号（必注内容）。

2）注写基础梁截面尺寸（必注内容）。注写 $b×h$，表示梁截面宽度与高度。当为竖向加腋梁时，用 $b×h\,Y_{c_1}×_{c_2}$ 表示，其中 C_1 为腋长，C_2 为腋高。

3）注写基础梁配筋（必注内容）：

① 注写基础梁箍筋：

a. 当具体设计仅采用一种箍筋间距时，注写钢筋级别、直径、间距与肢数（箍筋肢数写在括号内，下同）。

b. 当具体设计采用两种箍筋时，用"/"分隔不同箍筋，按照从基础梁两端向跨中的顺序注写。先注写第 1 段箍筋（在前面加注箍筋道数），在斜线后再注写第 2 段箍筋（不再加注箍筋道数）。

施工时应注意：两向基础梁相交的柱下区域，应有一向截面较高的基础梁箍筋贯通设置；当两向基础梁高度相同时，任选一向基础梁箍筋贯通设置。

② 注写基础梁底部、顶部及侧面纵向钢筋：

a. 以 B 打头，注写梁底部贯通纵筋（不应少于梁底部受力钢筋总截面面积的 1/3）。当跨中所注根数少于箍筋肢数时，需要在跨中增设梁底部架立筋以固定箍筋，采用"＋"将贯通纵筋与架立筋相联，架立筋注写在加号后面的括号内。

b. 以 T 打头，注写梁顶部贯通纵筋。注写时用分号"；"将底部与顶部贯通纵筋分隔开，如有个别跨与其不同者按原位注写的规定处理。

c. 当梁底部或顶部贯通纵筋多于一排时，用"/"将各排纵筋自上而下分开。

d. 以大写字母 G 打头注写梁两侧面对称设置的纵向构造钢筋的总配筋值（当梁腹板高度 h_w 不小于 450mm 时，根据需要配置）；当需要配置抗扭纵向钢筋时，梁两个侧面设置的抗扭纵向钢筋以 N 打头。

4）注写基础梁底面标高（选注内容）。当条形基础的底面标高与基础底面基准标高不同时，将条形基础底面标高注写在"（　　　）"内。

5）必要的文字注解（选注内容）。当基础梁的设计有特殊要求时，宜增加必要的文字注解。

（3）基础梁 JL 的原位标注规定如下：

1）基础梁支座的底部纵筋，系指包含贯通纵筋与非贯通纵筋在内的所有纵筋：

① 当底部纵筋多于一排时，用"/"将各排纵筋自上而下分开。

② 当同排纵筋有两种直径时，用"＋"将两种直径的纵筋相联。

③ 当梁支座两边的底部纵筋配置不同时，需在支座两边分别标注；当梁支座两边的底部纵筋相同时，可仅在支座的一边标注。

④ 当梁支座底部全部纵筋与集中注写过的底部贯通纵筋相同时，可不再重复做原位标注。

⑤ 竖向加腋梁加腋部位钢筋，需在设置加腋的支座处以 Y 打头注写在括号内。

设计时应注意：对于底部一平梁的支座两边配筋值不同的底部非贯通纵筋（"底部一平"为"梁底部在同一个平面上"的缩略词），应先按较小一边的配筋值选配相同直径的纵筋贯穿支座，再将较大一边的配筋差值选配适当直径的钢筋锚入支座，避免造成支座两边大部分钢筋直径不相同的不合理配置结果。

施工及预算方面应注意：当底部贯通纵筋经原位注写修正，出现两种不同配置的底部贯通纵筋时，应在两毗邻跨中配置较小一跨的跨中连接区域进行连接，即配置较大一跨的底部贯通纵筋需伸出至毗邻跨的跨中连接区域（具体位置见标准构造详图）。

2）原位注写基础梁的附加箍筋或（反扣）吊筋。当两向基础梁十字交叉，但交叉位置无柱时，应根据需要设置附加箍筋或（反扣）吊筋。

将附加箍筋或（反扣）吊筋直接画在平面图中条形基础主梁上，原位直接引注总配筋值（附加箍筋的肢数注在括号内）。当多数附加箍筋或（反扣）吊筋相同时，可在条形基础平法施工图上统一注明。少数与统一注明值不同时，再原位直接引注。

施工时应注意：附加箍筋或（反扣）吊筋的几何尺寸应按照标准构造详图，结合其所在位置的主梁和次梁的截面尺寸确定。

3）原位注写基础梁外伸部位的变截面高度尺寸。当基础梁外伸部位采用变截面高度时，在该部位原位注写 $b \times h_1/h_2$；h_1 为根部截面高度，h_2 为尽端截面高度。

4）原位注写修正内容。当在基础梁上集中标注的某项内容（如截面尺寸、箍筋、底部与顶部贯通纵筋或架立筋、梁侧面纵向构造钢筋、梁底面标高等）不适用于某跨或某外伸部位时，将其修正内容原位标注在该跨或该外伸部位，施工时原位标注取值优先。

当在多跨基础梁的集中标注中已注明竖向加腋，而该梁某跨根部不需要竖向加腋时，则应在该跨原位标注无 $Y_{c_1 \times c_2}$ 的 $b \times h$，以修正集中标注中的竖向加腋要求。

2. 基础梁底部非贯通纵筋的长度规定

（1）为方便施工，对于基础梁柱下区域底部非贯通纵筋的伸出长度 a_0 值：当配置不多于两排时，在标准构造详图中统一取值为自柱边向跨内伸出至 $l_n/3$ 位置；当非贯通纵筋配置多于两排时，从第三排起向跨内的伸出长度值应由设计者注明。l_n 的取值规定为：边跨边支座的底部非贯通纵筋，l_n 取本边跨的净跨长度值；对于中间支座的底部非贯通纵筋，l_n 取支座两边较大一跨的净跨长度值。

（2）基础梁外伸部位底部纵筋的伸出长度 a_0 值，在标准构造详图中统一取值为：第一排伸出至梁端头后，全部上弯 $12d$ 或 $15d$；其他排钢筋伸至梁端头后截断。

（3）设计者在执行底部非贯通纵筋伸出长度的统一取值规定时，应注意按《混凝土结构设计规范（2015 年版）》GB 50010—2010、《建筑地基基础设计规范》GB 50007—2011 和《高层建筑混凝土结构技术规程》JGJ 3—2010 的相关规定进行校核，若不满足时应另行变更。

3. 条形基础底板的平面注写方式

条形基础底板 TJB_p、TJB_J 的平面注写方式，分集中标注和原位标注两部分内容。

条形基础底板的集中标注内容为：条形基础底板编号、截面竖向尺寸、配筋三项必注内容，以及条形基础底板底面标高（与基础底面基准标高不同时）、必要的文字注解两项选注内容。

素混凝土条形基础底板的集中标注，除无底板配筋内容外与钢筋混凝土条形基础底板相同。具体规定如下：

（1）注写条形基础底板编号（必注内容），见表 2-2。条形基础底板向两侧的截面形状通常有两种：

1）阶形截面，编号加下标"J"，如 $TJB_J \times \times$（$\times\times$）；

2）坡形截面，编号加下标"p"，如 $TJB_p \times \times$（$\times\times$）。

（2）注写条形基础底板截面竖向尺寸（必注内容）。注写 h_1/h_2……具体标注为：

1）当条形基础底板为坡形截面时，注写为 h_1/h_2，如图 2-13 所示。

【例】当条形基础底板为坡形截面 $TJB_p \times \times$，其截面竖向尺寸注写为 300/250 时，表示 $h_1 = 300mm$、$h_2 = 250mm$，基础底板根部总高度为 550mm。

2）当条形基础底板为阶形截面时，如图 2-14 所示，当为多阶时各阶尺寸自下而上以"/"分隔顺写。

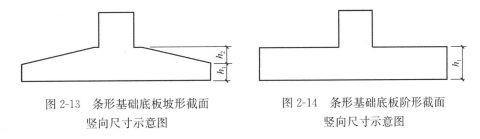

图 2-13　条形基础底板坡形截面　　　　图 2-14　条形基础底板阶形截面
竖向尺寸示意图　　　　　　　　　　　　竖向尺寸示意图

【例】当条形基础底板为阶形截面 $TJB_J \times \times$，其截面竖向尺寸注写为 300 时，表示 $h_1 = 300$，即为基础底板总高度。

（3）注写条形基础底板底部及顶部配筋（必注内容）。

以 B 打头，注写条形基础底板底部的横向受力钢筋：以 T 打头，注写条形基础底板顶部的横向受力钢筋：注写时，用"/"分隔条形基础底板的横向受力钢筋与纵向分布钢筋，如图 2-15、图 2-16 所示。

【例】当为双梁（或双墙）条形基础底板时，除在底板底部配置钢筋外，一般尚需在两根梁或两道墙之间的底板顶部配置钢筋，其中横向受力钢筋的锚固长度 l 从梁的内边缘（或墙内边缘）起算，如图 2-16 所示。

（4）注写条形基础底板底面标高（选注内容）。当条形基础底板的底面标高与条形基础底面基准标高不同时，应将条形基础底板底面标高注写在"（　　　　）"内。

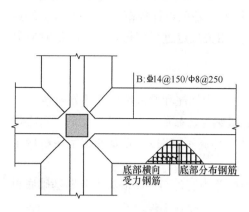

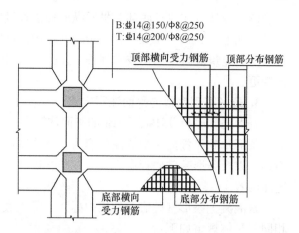

图 2-15　条形基础底板底部配筋示意图

图 2-16　双梁条形基础底板配筋示意图

（5）必要的文字注解（选注内容）。当条形基础底板有特殊要求时，应增加必要的文字注解。

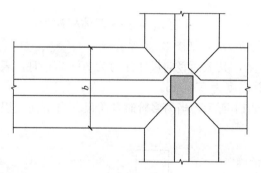

图 2-17　条形基础底板平面尺寸原位标注示意图

（6）条形基础底板的原位标注规定如下：

1）原位注写条形基础底板的平面尺寸。原位标注 b、b_i，$i=1, 2, \cdots \cdots$其中，b 为基础底板总宽度，b_i 为基础底板台阶的宽度。当基础底板采用对称于基础梁的坡形截面或单阶形截面时，b_i 可不注，如图 2-17 所示。

素混凝土条形基础底板的原位标注与钢筋混凝土条形基础底板相同。

对于相同编号的条形基础底板，可仅选择一个进行标注。

条形基础存在双梁或双墙共用同一基础底板的情况，当为双梁或为双墙且梁或墙荷载差别较大时，条形基础两侧可取不同的宽度，实际宽度以原位标注的基础底板两侧非对称的不同台阶宽度 b_i 进行表达。

2）原位注写修正内容。当在条形基础底板上集中标注的某项内容，如底板截面竖向尺寸、底板配筋、底板底面标高等，不适用于条形基础底板的某跨或某外伸部分时，可将其修正内容原位标注在该跨或该外伸部位，施工时原位标注取值优先。

4. 条形基础的截面注写方式

条形基础的截面注写方式，又可分为截面标注和列表注写（结合截面示意图）两种表达方式。采用截面注写方式，应在基础平面布置图上对所有条形基础进行编号。

对条形基础进行截面标注的内容和形式，与传统"单构件正投影表示方法"基本相同。对于已在基础平面布置图上原位标注清楚的该条形基础梁和条形基础底板的水平尺寸，可不在截面图上重复表达，具体表达内容可参照 16G101-3 图集中相应的标准构造。

对多个条形基础可采用列表注写（结合截面示意图）的方式进行集中表达。表中内容为条形基础截面的几何数据和配筋，截面示意图上应标注与表中栏目相对应的代号。列表的具体内容规定如下。

(1) 基础梁。基础梁列表集中注写栏目为:

1) 编号:注写 JL×× (××)、JL×× (××A) 或 JL×× (××B)。

2) 几何尺寸:梁截面宽度与高度 $b×h$。当为竖向加腋梁时,注写 $b×h Yc_1×c_2$,其中 c_1 为腋长,c_2 为腋高。

3) 配筋:注写基础梁底部贯通纵筋+非贯通纵筋,顶部贯通纵筋,箍筋。当设计为两种箍筋时,箍筋注写为:第一种箍筋/第二种箍筋,第一种箍筋为梁端部箍筋,注写内容包括箍筋的箍数、钢筋级别、直径、间距与肢数。基础梁列表格式见表 2-3。

基础梁几何尺寸和配筋表　　　　　　表 2-3

基础梁编号/ 截面号	截面几何尺寸		配筋	
	$b×h$	竖向加腋 $c_1×c_2$	底部贯通纵筋+非贯通纵筋, 顶部贯通纵筋	第一种箍筋/ 第二种箍筋

(2) 条形基础底板。条形基础底板列表集中注写栏目为:

1) 编号:坡形截面编号为 TJB_p××(××)、$TJBp$××(××A)或 TJB_p×× (××B),阶形截面编号为 TJB_J××(××)、TJB_J××(××A)或 TJB_J×× (××B)。

2) 几何尺寸:水平尺寸 b、b_i,$i=1$,2,……竖向尺寸 h_1/h_2。

3) 配筋:B:Φ××@×××/Φ××@×××。

条形基础底板列表格式见表 2-4。

条形基础底板几何尺寸和配筋表　　　　　　表 2-4

基础底板编号/ 截面号	截面几何尺寸			底板配筋 (B)	
	b	b_i	h_1/h_2	横向受力钢筋	纵向受力钢筋

注:表中可根据实际情况增加栏目,如增加上部配筋、基础底板底面标高(与基础底板底面基准标高不一致时)等。

2.2.2　条形基础钢筋翻样

《混凝土结构施工图平面整体表示方法制图规则和构造详图》(独立基础、条形基础、筏形基础、桩基础) 16G101-3 图集将条形基础分为两类:平板式条形基础和梁板式条形基础两种形式,截面形式分为阶形和坡形。

剪力墙下条形基础一般采用平板式条形基础 (图 2-18);柱下条形基础应采用梁板式条形基础 (图 2-19)。在工程中,有时设计为了加强墙下条形基础的整体刚度,在墙下条形基础中也设置基础梁,此时的基础梁与 16G101-3 中的基础梁 JL 不同,应按设计要求进行施工。

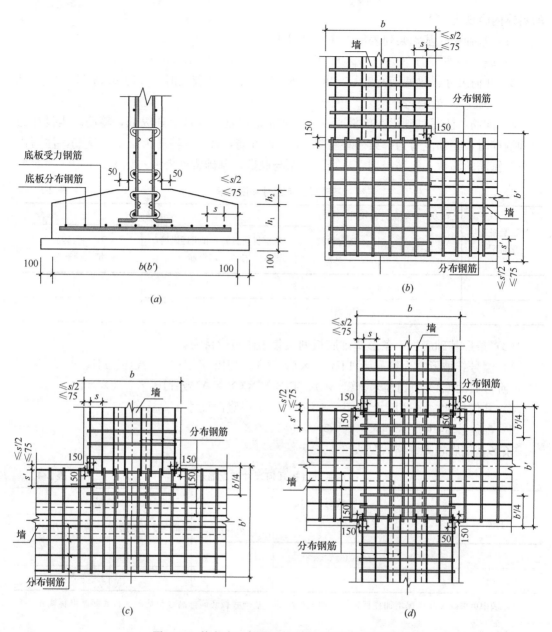

图 2-18　剪力墙下条形基础底板配筋构造示意图

(*a*) 剪力墙下条形基础底板钢筋排布剖面图；(*b*) 转角处墙基础底板；(*c*) 丁字交接基础底板；

(*d*) 十字交接基础底板

当基础宽度≥2500 时，如图 2-20 所示。

受力钢筋：

　　　　底板 *b* 不缩减钢筋的下料长度＝底板边长－2×保护层厚度

(1) 外墙转角两个方向均布置受力钢筋，不设置分布钢筋。

(2) 内墙基础底板受力钢筋伸入外墙基础底板的范围是外墙基础底板宽度的 1/4。

底板 *b* 不缩减钢筋的下料长度＝底板边长－2×保护层厚度(底板交接区的受力钢筋和

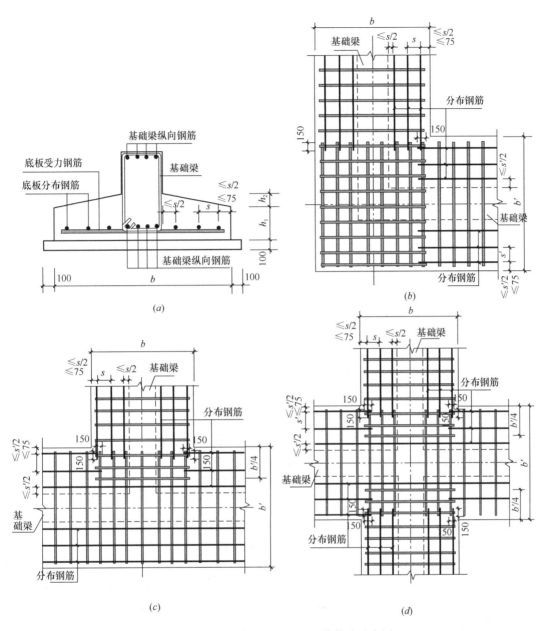

图 2-19　梁板式条形基础底板配筋构造示意图

(a) 梁板式条形基础底板钢筋排布剖面图；(b) 转角梁板端部无纵向延伸；(c) 丁字交接基础底板；

(d) 十字交接基础底板

无交接底板时端部第一根钢筋不应减短）

底板 b 缩减钢筋的下料长度＝底板边长×0.9（图 2-20）

分布筋：条形基础在两个方向相交时，两向受力钢筋交接处的网状部位，分布钢筋与同向受力钢筋的搭接长度为 150mm（注意基础保护层的厚度）。

底板钢筋的排布范围＝底板边长 $b-2\max$（75，$S/2$）

根数＝底板钢筋的排布范围/间距＋1

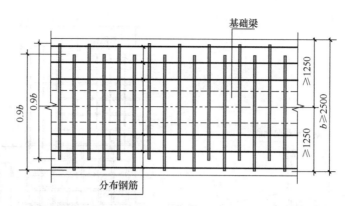

图 2-20　条形基础底板配筋长度减短 10％构造示意图

2.3　筏板基础

2.3.1　筏板基础平法制图规则

梁板式筏形基础平法施工图，系在基础平面布置图上采用平面注写方式进行表达。当绘制基础平面布置图时，应将梁板式筏形基础与其所支承的柱、墙一起绘制。梁板式筏形基础以多数相同的基础平板底面标高作为基础底面基准标高。当基础底面标高不同时，需注明与基础底面基准标高不同之处的范围和标高。通过选注基础梁底面与基础平板底面的标高高差来表达两者间的位置关系，可以明确其"高板位"（梁顶与板顶一平）、"低板位"（梁底与板底一平）以及"中板位"（板在梁的中部）三种不同位置组合的筏形基础，方便设计表达。对于轴线未居中的基础梁，应标注其定位尺寸。

1. 梁板式筏形基础的平法识图

（1）梁板式筏形基础构件的类型与编号。

梁板式筏形基础由基础主梁、基础次梁、基础平板等构成，编号见表 2-5。

梁板式筏形基础构件编号表　　　　　　　　　　表 2-5

构件类型	代号	序号	跨数及有无外伸
基础主梁（柱下）	JL	XX	（××）或（××A）或（××B）
基础次梁	JCL	XX	（××）或（××A）或（××B）
梁板筏形基础平板	LPB	XX	

注：（××A）一端有外伸，（××B）两端有外伸，外伸不计入跨数。

（2）基础主梁与基础次梁的平面注写方式。

1）基础主梁 JL 与基础次梁 JCL 的平面注写方式，分集中标注与原位标注两部分内容。当集中标注中的某项数值不适用于梁的某部位时，则将该项数值采用原位标注，施工时，原位标注优先。

2）基础主梁 JL 与基础次梁 JCL 的集中标注内容为：基础梁编号、截面尺寸、配筋三项必注内容，以及基础梁底面标高高差（相对于筏形基础平板底面标高）一项选注内容。具体规定如下：

① 注写基础梁的编号 。

② 注写基础梁的截面尺寸。以 $b\times h$ 表示梁截面宽度与高度；当为竖向加腋梁时，用 $b\times h\ Yc_1\times c_2$ 表示，其中 c_1 为腋长，c_2 为腋高。

3）注写基础梁的配筋。

① 注写基础梁箍筋。

a. 当采用一种箍筋间距时，注写钢筋级别、直径、间距与肢数（写在括号内）。

b. 当采用两种箍筋时，用"/"分隔不同箍筋，按照从基础梁两端向跨中的顺序注写。先注写第 1 段箍筋（在前面加注箍数），在斜线后再注写第 2 段箍筋（不再加注箍数）。

施工时应注意：两向基础主梁相交的柱下区域应有一向截面较高的基础主梁箍筋贯通设置；当两向基础主梁高度相同时，任选一向基础主梁箍筋贯通设置。

② 注写基础梁的底部、顶部及侧面纵向钢筋。

a. 以 B 打头，先注写梁底部贯通纵筋（不应少于底部受力钢筋总截面面积的 1/3）。当跨中所注根数少于箍筋肢数时，需要在跨中加设架立筋以固定箍筋，注写时，用加号"+"将贯通纵筋与架立筋相联，架立筋注写在加号后面的括号内。

b. 以 T 打头，注写梁顶部贯通纵筋值。注写时用分号"；"将底部与顶部纵筋分隔开。

c. 当梁底部或顶部贯通纵筋多于一排时，用斜线"/"将各排纵筋自上而下分开。

d. 以大写字母 G 打头注写基础梁两侧面对称设置的纵向构造钢筋的总配筋值（当梁腹板高度 h_w 不小于 450mm 时，根据需要配置）。当需要配置抗扭纵向钢筋时，梁两个侧面设置的抗扭纵向钢筋以 N 打头。

4）注写基础梁底面标高高差（系指相对于筏形基础平板底面标高的高差值），该项为选注值。有高差时需将高差写入括号内（如"高板位"与"中板位"基础梁的底面与基础平板底面标高的高差值），无高差时不注（如"低板位"筏形基础的基础梁）。

（3）基础主梁与基础次梁的原位标注规定。

1）梁支座的底部纵筋，系指包含贯通纵筋与非贯通纵筋在内的所有纵筋：

① 当底部纵筋多于一排时，用"/"将各排纵筋自上而下分开。

② 当同排纵筋有两种直径时，用加号"+"将两种直径的纵筋相联。

③ 当梁中间支座两边的底部纵筋配置不同时，需在支座两边分别标注；当梁中间支座两边的底部纵筋相同时，可仅在支座的一边标注配筋值。

④ 当梁端（支座）区域的底部全部纵筋与集中注写过的贯通纵筋相同时，可不再重复做原位标注。

⑤ 竖向加腋梁加腋部位钢筋，需在设置加腋的支座处以 Y 打头注写在括号内。

设计时应注意：当对底部一平的梁支座两边的底部非贯通纵筋采用不同配筋值时，应先按较小一边的配筋值选配相同直径的纵筋贯穿支座，再将较大一边的配筋差值选配适当直径的钢筋锚入支座，避免造成两边大部分钢筋直径不相同的不合理配置结果。

施工及预算方面应注意：当底部贯通纵筋经原位修正注写后，两种不同配置的底部贯通纵筋应在两毗邻跨中配置较小一跨的跨中连接区域连接（即配置较大一跨的底部贯通纵筋需越过其跨数终点或起点伸至毗邻跨的跨中连接区域。具体位置见标准构造详图)。

2) 注写基础梁的附加箍筋或 (反扣) 吊筋。将其直接画在平面图中的主梁上,用线引注总配筋值 (附加箍筋的肢数注在括号内),当多数附加箍筋或 (反扣) 吊筋相同时,可在基础梁平法施工图上统一注明,少数与统一注明值不同时,再原位引注。

施工时应注意:附加箍筋或 (反扣) 吊筋的几何尺寸应按照标准构造详图,结合其所在位置的主梁和次梁的截面尺寸确定。

3) 当基础梁外伸部位变截面高度时,在该部位原位注写 $b×h_1/h_2$,h_1 为根部截面高度,h_2 为尽端截面高度。

4) 注写修正内容。当在基础梁上集中标注的某项内容 (如梁截面尺寸、箍筋、底部与顶部贯通纵筋或架立筋、梁侧面纵向构造钢筋、梁底面标高高差等) 不适用于某跨或某外伸部分时,则将其修正内容原位标注在该跨或该外伸部位,施工时原位标注取值优先。

当在多跨基础梁的集中标注中已注明竖向加腋,而该梁某跨根部不需要竖向加腋时,则应在该跨原位标注等截面的 $b×h$,以修正集中标注中的加腋信息。

(4) 基础梁底部非贯通纵筋的长度规定。

1) 为方便施工,凡基础主梁柱下区域和基础次梁支座区域底部非贯通纵筋的伸出长度 a_0 值,当配置不多于两排时,在标准构造详图中统一取值为自支座边向跨内伸出至 $l_n/3$ 位置;当非贯通纵筋配置多于两排时,从第三排起向跨内的伸出长度值应由设计者注明。l_n 的取值规定为:边跨边支座的底部非贯通纵筋,l_n 取本边跨的净跨长度值;中间支座的底部非贯通纵筋,l_n 取支座两边较大一跨的净跨长度值。

2) 基础主梁与基础次梁外伸部位底部纵筋的伸出长度 a_0 值,在标准构造详图中统一取值为:第一排伸出至梁端头后,全部上弯 $12d$ 或 $15d$;其他排伸至梁端头后截断。

3) 设计者在执行基础梁底部非贯通纵筋伸出长身的统一取值规定时,应注意按《混凝土结构设计规范》GB 50010—2010、《建筑地基基础设计规范》GB 50007—2011 和《高层建筑混凝土结构技术规程》JGJ 3—2010 的相关规定进行校核,若不满足时应另行变更。

2. 梁板式筏形基础平板的平面注写方式

梁板式筏形基础平板 LPB 的平面注写,分为集中标注与原位标注两部分内容。梁板式筏形基础平板 LPB 贯通纵筋的集中标注,应在所表达的板区双向均为第一跨 (X 与 Y 双向首跨) 的板上引出 (图面从左至右为 X 向,从下至上为 Y 向)。

板区划分条件:板厚相同、基础平板底部与顶部贯通纵筋配置相同的区域为同一板区。

(1) 集中标注的内容规定如下:

1) 注写基础平板的编号,见表 2-5。

2) 注写基础平板的截面尺寸。注写 $h=×××$ 表示板厚。

3) 注写基础平板的底部与顶部贯通纵筋及其跨数及外伸情况。先注写 X 向底部 (B 打头) 贯通纵筋与顶部 (T 打头) 贯通纵筋及纵向长度范围;再注写 Y 向底部 (B 打头) 贯通纵筋与顶部 (T 打头) 贯通纵筋及其跨数及外伸情况 (图面从左至右为 X 向,从下至上为 Y 向)。

贯通纵筋的跨数及外伸情况注写在括号中,注写方式为 "跨数及有无外伸",其表达形式为：（××）（无外伸）、（××A）（一端有外伸）或（××B）（两端有外伸）。

当贯通筋采用两种规格钢筋"隔一布一"方式时，表达为 Φ××/yy@×××，表示直径××的钢筋和直径 yy 的钢筋之间的间距为×××，直径为××的钢筋、直径为 yy 的钢筋间距分别为×××的 2 倍。

施工及预算方面应注意：当基础平板分板区进行集中标注，且相邻板区板底一平时，两种不同配置的底部贯通纵筋应在两毗邻板跨中配筋较小板跨的跨中连接区域连接（即配置较大板跨的底部贯通纵筋需越过板区分界线伸至毗邻板跨的跨中连接区域，具体位置见标准构造详图）。

（2）梁板式筏形基础平板 LPB 的原位标注，主要表达板底部附加非贯通纵筋。

1）原位注写位置及内容。板底部原位标注的附加非贯通纵筋，应在配置相同跨的第一跨表达（当在基础梁悬挑部位单独配置时则在原位表达）。在配置相同跨的第一跨（或基础梁外伸部位），垂直于基础梁绘制一段中粗虚线（当该筋通长设置在外伸部位或短跨板下部时，应画至对边或贯通短跨），在虚线上注写编号（如①、②等）、配筋值、横向布置的跨数及是否布置到外伸部位。

板底部附加非贯通纵筋自支座中线向两边跨内的伸出长度值注写在线段的下方位置。当该筋向两侧对称伸出时，可仅在一侧标注，另一侧不注；当布置在边梁下时，向基础平板外伸部位一侧的伸出长度与方式按标准构造，设计不注。底部附加非贯通筋相同者，可仅注写一处，其他只注写编号。

横向连续布置的跨数及是否布置到外伸部位，不受集中标注贯通纵筋的板区限制。

原位注写的底部附加非贯通纵筋与集中标注的底部贯通钢筋，宜采用"隔一布一"的方式布置，即基础平板（X 向或 Y 向）底部附加非贯通纵筋与贯通纵筋间隔布置，其标注间距与底部贯通纵筋相同（两者实际组合后的间距为各自标注间距的 1/2）。

2）注写修正内容。当集中标注的某些内容不适用于梁板式筏形基础平板某板区的某一板跨时，应由设计者在该板跨内注明，施工时应按注明内容取用。

3）当若干基础梁下基础平板的底部附加非贯通纵筋配置相同时（其底部、顶部的贯通纵筋可以不同），可仅在一根基础梁下做原位注写，并在其他梁上注明"该梁下基础平板底部附加非贯通纵筋同××基础梁"。

4）梁板式筏形基础平板 LPB 的平面注写规定，同样适用于钢筋混凝土墙下的基础平板。

5）应在图中注明的其他内容：

① 当在基础平板周边沿侧面设置纵向构造钢筋时，应在图中注明。

② 应注明基础平板外伸部位的封边方式，当采用 U 形钢筋封边时应注明其规格、直径及间距。

③ 当基础平板外伸变截面高度时，应注明外伸部位的 h_1/h_2，h_1 为板根部截面高度，h_2 为板尽端截面高度。

④ 当基础平板厚度大于 2m 时，应注明具体构造要求。

⑤ 当在基础平板外伸阳角部位设置放射筋时，应注明放射筋的强度等级、直径、根数以及设置方式等。

⑥ 板的上、下部纵筋之间设置拉筋时，应注明拉筋的强度等级、直径、双向间距等。

⑦ 应注明混凝土垫层厚度与强度等级。

⑧ 结合基础主梁交叉纵筋的上下关系,当基础平板同一层面的纵筋相交叉时,应注明何向纵筋在下,何向纵筋在上。

⑨ 设计需注明的其他内容。

3. 平板式筏形基础

平板式筏形基础平法施工图,系在基础平面布置图上采用平面注写方式表达。当绘制基础平面布置图时,应将平板式筏形基础与其所支承的柱、墙一起绘制。当基础底面标高不同时,需注明与基础底面基准标高不同之处的范围和标高。

(1) 平板式筏形基础构件的类型与编号。

平板式筏形基础的平面注写表达方式有两种。一是划分为柱下板带和跨中板带进行表达;二是按基础平板进行表达。平板式筏形基础构件编号见表2-6。

平板式筏形基础构件编号表   表 2-6

构件类型	代 号	序 号	跨数及有无外伸
柱下板带	ZXB	××	(××) 或 (××A) 或 (××B)
跨中板带	KZB	××	(××) 或 (××A) 或 (××B)
平板式筏形基础平板	BPB	××	

注:(××A)一端有外伸,(××B)两端有外伸,外伸不计入跨数。

(2)柱下板带、跨中板带的平面注写方式。

1)柱下板带 ZXB (视其为无箍筋的宽扁梁)与跨中板带 KZB 的平面注写,分集中标注与原位标注两部分内容。

2)柱下板带与跨中板带的集中标注,应在第一跨(X 向为左端跨,Y 向为下端跨)引出。具体规定如下:

① 注写编号。

② 注写截面尺寸,注写 $b=×××$ 表示板带宽度(在图注中注明基础平板厚度)。确定柱下板带宽度应根据规范要求与结构实际受力需要。当柱下板带宽度确定后,跨中板带宽度亦随之确定(即相邻两平行柱下板带之间的距离)。当柱下板带中心线偏离柱中心线时,应在平面图上标注其定位尺寸。

③ 注写底部与顶部贯通纵筋。注写底部贯通纵筋(B 打头)与顶部贯通纵筋(T 打头)的规格与间距,用分号";"将其分隔开。柱下板带的柱下区域,通常在其底部贯通纵筋的间隔内插空设有(原位注写的)底部附加非贯通纵筋。

施工及预算方面应注意:当柱下板带的底部贯通纵筋配置从某跨开始改变时,两种不同配置的底部贯通纵筋应在两毗邻跨中配置较小跨的跨中连接区域连接(即配置较大跨的底部贯通纵筋需越过其跨数终点或起点伸至毗邻跨的跨中连接区域。具体位置见标准构造详图)。

3)柱下板带与跨中板带原位标注的内容,主要为底部附加非贯通纵筋。具体规定如下:

① 注写内容:以一段与板带同向的中粗虚线代表附加非贯通纵筋;柱下板带:贯穿其柱下区域绘制;跨中板带:横贯柱中线绘制。在虚线上注写底部附加非贯通纵筋的编号

（如①、②等）、钢筋级别、直径、间距，以及自柱中线分别向两侧跨内的伸出长度值。当向两侧对称伸出时，长度值可仅在一侧标注，另一侧不注。外伸部位的伸出长度与方式按标准构造，设计不注。对同一板带中底部附加非贯通筋相同者，可仅在一根钢筋上注写，其他可仅在中粗虚线上注写编号。

原位注写的底部附加非贯通纵筋与集中标注的底部贯通纵筋，宜采用"隔一布一"的方式布置，即柱下板带或跨中板带底部附加非贯通纵筋与贯通纵筋交错插空布置，其标注间距与底部贯通纵筋相同（两者实际组合后的间距为各自标注间距的 1/2）。

当跨中板带在轴线区域不设置底部附加非贯通纵筋时，则不做原位注写。

② 注写修正内容。当在柱下板带、跨中板带上集中标注的某些内容（如截面尺寸、底部与顶部贯通纵筋等）不适用于某跨或某外伸部分时，则将修正的数值原位标注在该跨或该外伸部位，施工时原位标注取值优先。

设计时应注意：对于支座两边不同配筋值的（经注写修正的）底部贯通纵筋，应按较小一边的配筋值选配相同直径的纵筋贯穿支座，较大一边的配筋差值选配适当直径的钢筋锚入支座，避免造成两边大部分钢筋直径不相同的不合理配置结果。

4）柱下板带 ZXB 与跨中板带 KZB 的注写规定，同样适用于平板式筏形基础上局部有剪力墙的情况。

（3）平板式筏形基础平板 BPB 的平面注写方式

1）平板式筏形基础平板 BPB 的平面注写，分为集中标注与原位标注两部分内容。基础平板 BPB 的平面注写与柱下板带 ZXB、跨中板带 KZB 的平面注写虽是不同的表达方式，但可以表达同样的内容。当整片板式筏形基础配筋比较规律时，宜采用 BPB 表达方式。

2）平板式筏形基础平板 BPB 的集中标注。

当某向底部贯通纵筋或顶部贯通纵筋的配置，在跨内有两种不同间距时，先注写跨内两端的第一种间距，并在前面加注纵筋根数（以表示其分布的范围）；再注写跨中部的第二种间距（不需加注根数）；两者用"/"分隔。

3）平板式筏形基础平板 BPB 的原位标注，主要表达横跨柱中心线下的底部附加非贯通纵筋。注写规定如下：

① 原位注写位置及内容。在配置相同的若干跨的第一跨，垂直于柱中线绘制一段中粗虚线代表底部附加非贯通纵筋。

当柱中心线下的底部附加非贯通纵筋（与柱中心线正交）沿柱中心线连续若干跨配置相同时，则在该连续跨的第一跨下原位注写，且将同规格配筋连续布置的跨数注在括号内；当有些跨配置不同时，则应分别原位注写。外伸部位的底部附加非贯通纵筋应单独注写（当与跨内某筋相同时仅注写钢筋编号）。

当底部附加非贯通纵筋横向布置在跨内有两种不同间距的底部贯通纵筋区域时，其间距应分别对应为两种，其注写形式应与贯通纵筋保持一致，即先注写跨内两端的第一种间距，并在前面加注纵筋根数；再注写跨中部的第二种间距（不需加注根数）；两者用"/"分隔。

② 当某些柱中心线下的基础平板底部附加非贯通纵筋横向配置相同时（其底部、顶部的贯通纵筋可以不同），可仅在一条中心线下做原位注写，并在其他柱中心线上注明"该柱

中心线下基础平板底部附加非贯通纵筋同××柱中心线"。

4)平板式筏形基础平板 BPB 的平面注写规定，同样适用于平板式筏形基础上局部有剪力墙的情况。

5)平板式筏形基础应在图中注明的其他内容为：

① 注明板厚。当整片平板式筏形基础有不同板厚时，应分别注明各板厚值及其各自的分布范围。

② 当在基础平板周边沿侧面设置纵向构造钢筋时，应在图注中注明。

③ 应注明基础平板外伸部位的封边方式，当采用 U 形钢筋封边时，应注明其规格、直径及间距。

④ 当基础平板厚度大于 2m 时，应注明设置在基础平板中部的水平构造钢筋网。

⑤ 当在基础平板外伸阳角部位设置放射筋时，应注明放射筋的强度等级、直径、根数以及设置方式等。

⑥ 板的上、下部纵筋之间设置拉筋时，应注明拉筋的强度等级、直径、双向间距等。

⑦ 应注明混凝土垫层厚度与强度等级。

⑧ 当基础平板同一层面的纵筋相交叉时，应注明何向纵筋在下，何向纵筋在上。

⑨ 设计需注明的其他内容。

2.3.2 筏板基础钢筋翻样

1. 梁板式筏形基础

《混凝土结构施工图平面整体表示方法制图规则和构造详图》16G101-3 中将梁板式条形基础中的梁、筏形基础中的基础主梁统一编号为 JL，并且采用了相同的构造要求。筏形基础中基础次梁编号为 JCL。

根据《建筑地基基础设计规范》GB 50007—2011 的规定，基础梁(包括 JL 和 JCL)以及梁板式筏形基础平板(LPB)中上部纵向受力钢筋按计算配筋全部连通，不允许部分纵向钢筋在跨内截断不贯通，这是对筏板的整体弯曲影响通过构造措施予以保证。

在基础梁(包括 JL 和 JCL)、梁板式筏形基础平板(LPB)中，纵向钢筋连接接头位置应在内力较小部位，其连接区域及连接要求如下：

(1)上部纵向受力钢筋连接区域：中间支座两侧 $l_n/4$ 及支座范围内，不宜在端跨支座附近连接。

(2)下部贯通纵筋连接区域：跨中小于等于 $l_n/3$ 范围内。

(3)连接方式可采用机械连接、焊接、绑扎搭接，钢筋直径大于 25mm 时不宜采用绑扎搭接，钢筋直径大于 28mm 时不宜采用焊接连接。

(4)同一钢筋同一跨内接头不宜设置 2 个或 2 个以上。

(5)同一连接区段内接头百分率不宜大于 50%。

(6)当相互连接的两根钢筋直径不同时，应将大直径钢筋伸至小直径钢筋所在跨内进行连接。

(7)l_n 取相邻两跨跨长度的取大值。

基础梁纵向钢筋允许连接位置，如图 2-21 所示。

基础次梁纵筋允许连接位置，如图 2-22 所示。

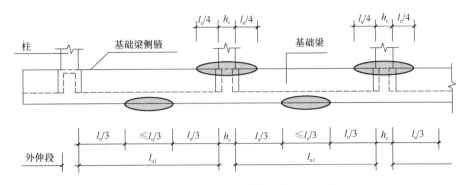

图 2-21 基础梁(JL)纵筋连接区示意图

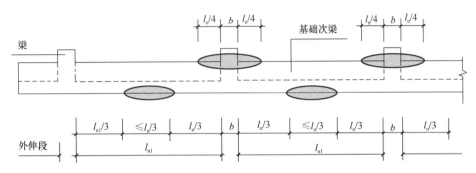

图 2-22 基础次梁(JCL)纵筋连接区示意图

梁板式筏形基础平板纵筋允许连接位置，如图 2-23 所示。

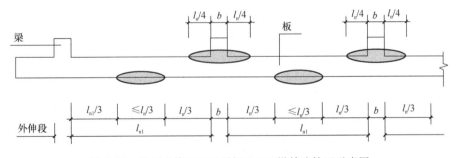

图 2-23 梁板式筏形基础平板(LPB)纵筋连接区示意图

(1)基础梁。

工程中，基础梁或筏板基础梁会在端部设置一定长度的外伸段，柱下条形基础外伸长度宜为第一跨距的 0.25 倍。从满足承载力、变形以及受力钢筋的排布等方面要求，基础设计时都宜设置一定长度的外伸段。鉴于在实际工程中也会碰到无法设置外伸段的情况，16G101-3 图集中给出了无外伸情况的构造。

1)基础梁端部有外伸时，如图 2-24 所示。

上部钢筋无需全部伸至尽端，可按施工图设计文件的标注施工。连续通过的钢筋伸至外伸尽端后向下 90°弯折，弯折长度为 12d；在支座处截断的钢筋从柱内侧算起，直段长度为 l_a。

$$上部第一排贯通筋长度 = 基础梁长 - 保护层厚度 \times 2 + 12d \times 2$$

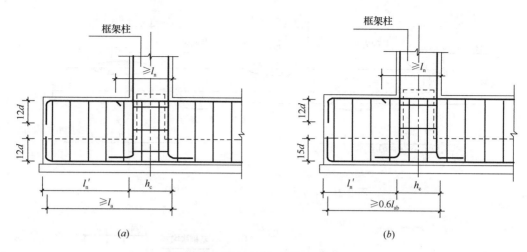

图 2-24　基础梁端部外伸构造示意图

(a)下部筋弯折长度为 12d 时；(b)下部筋弯折长度为 15d 时

上部第二排贯通筋长度＝边柱间内侧边长长度＋l_a×2

下部钢筋伸至尽端后向上 90°水平弯折，从柱内侧算起，直段长度不小于 l_a 时，弯折长度为 12d，即

下部贯通筋长度＝基础梁长－保护层厚度×2＋12d×2

从柱内侧算起直段长度小于 l_a 时，应满足水平段投影长度不小于 $0.6l_{ab}$，弯折段长度为 15d，即

下部贯通筋长度＝基础梁长－保护层厚度×2＋15d×2(图 2-25)

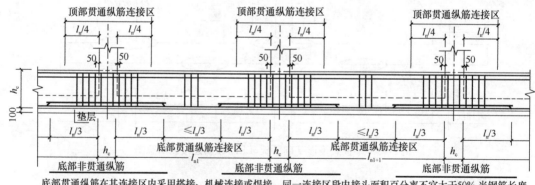

底部贯通纵筋在其连接区内采用搭接、机械连接或焊接，同一连接区段内接头面积百分率不宜大于50%，当钢筋长度可穿过一连接区到下一连接区并满足连接要求时，宜穿越设置

图 2-25　基础梁 JL 纵向钢筋构造示意图

下部端支座非贯通钢筋长度＝l'_n－保护层厚度＋h_c＋$\max(l_n/3, \geqslant l'_n)$

下部中间支座非贯通钢筋长度＝$l_n/3$＋h_c＋$l_n/3$

2）基础梁端部无外伸时，如图 2-26 所示。

上部和下部钢筋全部伸至尽端后弯折，从柱内侧算起，直段长度不应小于 $0.6l_{ab}$，并伸至板尽端弯折，弯折段长度为 15d，即

上部贯通筋长度＝基础梁长－保护层厚度×2＋15d×2

下部贯通筋长度＝基础梁长－保护层厚度×2＋15d×2

当平直段长度不小于 l_a 时，可不弯折（在《G101 系列图集常见问题答疑图解》17G101-11 和《混凝土结构施工钢筋排布规则与详图（独立基础、条形基础、筏形基础、桩基础）》18G901-3 中规定，弯折段长度为 12d），即

上部贯通筋长度＝基础梁长－保护层厚度×2（＋12d×2，根据实际要求）

下部贯通筋长度＝基础梁长－保护层厚度×2（＋12d×2，根据实际要求）

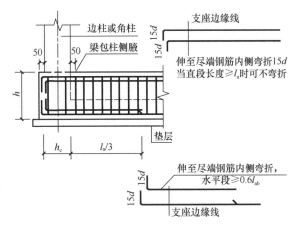

图 2-26 梁板式筏形基础梁端部无外伸构造图

$$下部端支座非贯通钢筋长度＝h_c－保护层厚度＋l_n/3$$
$$下部中间支座非贯通钢筋长度＝l_n/3＋h_c＋l_n/3$$

3）基础梁变截面钢筋构造：

① 梁底有高差时钢筋构造，如图 2-27 所示。

基础梁上部纵筋连续通过支座。

高跨的基础梁下部纵筋锚入低跨内长度为 l_a。

低跨基础梁下部纵筋高差斜长锚入对边基础梁内长度为 l_a。

② 梁顶有高差时钢筋构造，如图 2-28 所示。

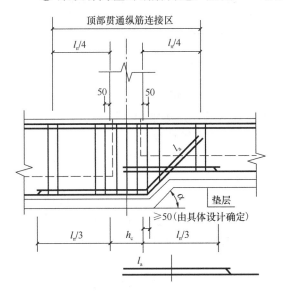

图 2-27 梁底有高差钢筋构造示意图

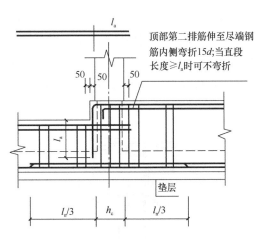

图 2-28 梁顶有高差钢筋构造示意图

基础梁下部钢筋连续通过支座。

低跨的基础梁上部纵筋锚入高跨基础梁内长度为 l_a。

高跨基础梁上部第一排纵筋伸至高跨基础边缘弯折长度＝板高差值－保护层厚度＋l_a。

高跨基础梁上部第二排伸至尽端钢筋内侧弯折长度为 $15d$；当直段长度≥l_a 时可不弯折。

③ 梁底、梁顶均有高差时钢筋构造，如图 2-29 所示。

高跨基础梁上部第一排纵筋伸至高跨基础边缘弯折长度＝板高差值－保护层厚度＋l_a。

高跨基础梁上部第二排伸至尽端钢筋内侧弯折长度为 $15d$；当直段长度≥l_a 时可不弯折。

高跨的基础梁下部纵筋锚入低跨内长度为 l_a（注意：当用于条形基础时，高跨的基础梁下部纵筋锚入低跨内长度为伸至柱边且≥l_a）。

低跨基础梁下部纵筋高差斜长锚入对边基础梁内长度为 l_a

④ 梁宽不同时钢筋构造，如图 2-30 所示。

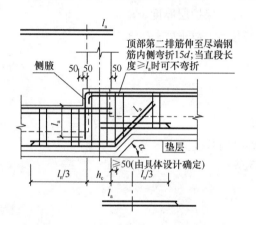

图 2-29 梁底、梁顶均有高差钢筋构造示意图

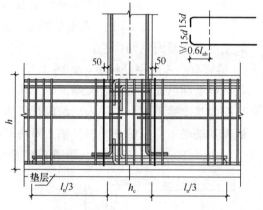

图 2-30 柱两边梁宽不同钢筋构造示意图

支座两侧的钢筋应协调配置，梁宽较小一侧的钢筋应全部贯通支座。宽出部位的上、下排纵向钢筋，伸至支座尽端钢筋内侧，自柱边算起的锚固长度为 l_a，当直锚段不能满足要求时，可在尽端钢筋内侧弯折，弯折长度为 $15d$，且平直段长度满足≥$0.6l_{ab}$。

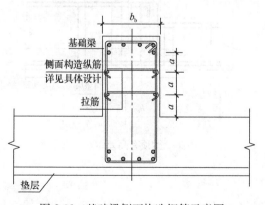

图 2-31 基础梁侧面构造钢筋示意图

4）基础梁侧面纵筋与拉筋，如图 2-31 所示。

梁侧面根数＝$2×[$（梁高－保护层厚度－筏板厚度）/梁侧面腰筋间距－1$]$

基础梁侧面纵向构造钢筋搭接长度为 $15d$。

侧面构造纵筋长度＝净跨长＋$2×15d$

基础梁侧面受扭纵筋的搭接长度为 l_l，其锚固长度为 l_a，锚固方式同梁上部纵筋。

侧面受扭纵筋长度＝净跨长＋$2×l_{aE}$

梁侧钢筋的拉筋直径除注明者外均为 8，间距为箍筋间距的 2 倍。当设有多排拉筋时，上下两排拉筋竖向错开设置。

基础梁的拉筋同时勾住外圈封闭箍筋和腰筋，也可紧靠箍筋并勾住腰筋，两端弯折角度均为 $135°$，弯折后平直段长度为拉筋直径的 5 倍。

拉筋根数＝[(净跨长－50×2)/非加密区间距的 2 倍+1]×侧面拉筋道数

（2）基础次梁。

1）基础次梁端部有外伸时，如图 2-32 所示。

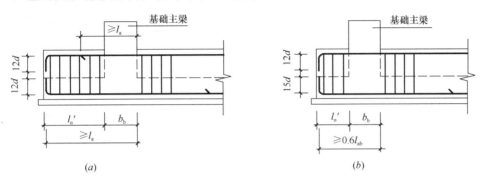

图 2-32　基础次梁端部外伸构造
(a) 下部筋弯折长度为 12d 时；(b) 下部筋弯折长度为 15d 时

上部钢筋无需全部伸至尽端，可按施工图设计文件的标注施工。连续通过的钢筋伸至外伸尽端后向下 $90°$ 弯折，弯折长度为 12d；在支座处截断的钢筋从柱内侧算起，直段长度为 l_a。

上部贯通筋长度＝基础梁长－保护层厚度×2+12d×2
上部断开筋长度＝边柱间内侧边长长度+l_a×2

当基础次梁端部有外伸时，下部钢筋伸至尽端后向上 $90°$ 弯折，从支座内侧算起，平直段长度不小于 l_a 时，弯折长度为 12d。

下部贯通筋长度＝基础梁长－保护层厚度×2+12d×2

从支座内侧算起，平直段长度小于 l_a 时，水平段投影长度应不小于 $0.6l_{ab}$，伸至尽端弯折段长度为 15d。

下部贯通筋长度＝基础梁长－保护层厚度×2+15d×2

2）基础次梁端部无外伸时，如图 2-33 所示。

当端部无外伸时，下部钢筋全部伸至尽端后向上 $90°$ 弯折，弯折长度为 15d，从支座内侧算起，平直段长度，当按铰接时不小于 $0.35l_{ab}$，当充分利用钢筋抗拉强度时不小于 $0.6l_{ab}$；下部钢筋从支座内算起的平直段长度不小于 l_a 时，可不弯折。

下部贯通筋长度＝基础梁长－保护层厚度×2+15d×2

上部钢筋伸入支座内 12d 且至少过支座中线。其他支座假定等情况，由设计文件说明锚固长度要求。

上部贯通筋长度＝基础梁长+左 max(12d,基础主梁/2)+右 max(12d,基础主梁/2)

3）基础次梁变截面钢筋构造。

① 梁底有高差时钢筋构造，如图 2-34 所示（同基础梁构造）。

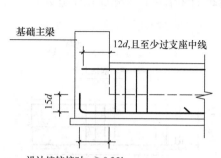

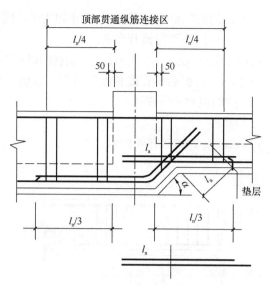

图 2-33　基础次梁端部无外伸时构造示意图

图 2-34　梁底有高差时钢筋构造示意图

基础梁上部纵筋连续通过支座。

高跨的基础梁下部纵筋锚入低跨内长度为 l_a。

低跨基础梁下部纵筋高差斜长锚入对边基础梁内长度为 l_a。

② 梁顶有高差时钢筋构造，如图 2-35 所示（不同基础梁构造）。

基础梁下部钢筋连续通过支座。

低跨的基础梁上部纵筋锚入高跨基础梁内长度为 l_a 且至少到梁中线。

高跨基础梁上部纵筋伸至高跨基础边缘弯折长度为 $15d$。

③ 梁底、梁顶均有高差时钢筋构造，如图 2-36 所示。

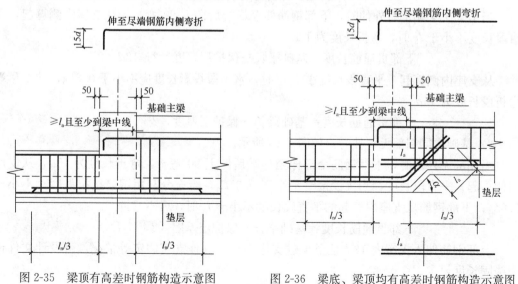

图 2-35　梁顶有高差时钢筋构造示意图

图 2-36　梁底、梁顶均有高差时钢筋构造示意图

低跨的基础梁上部纵筋锚入高跨基础梁内长度为 l_a 且至少到梁中线。

高跨基础梁上部纵筋伸至高跨基础边缘弯折长度为 $15d$。

高跨的基础梁下部纵筋锚入低跨内长度为 l_a。

低跨基础梁下部纵筋高差斜长锚入对边基础梁内长度为 l_a。

④ 梁宽不同时钢筋构造，如图 2-37 所示。

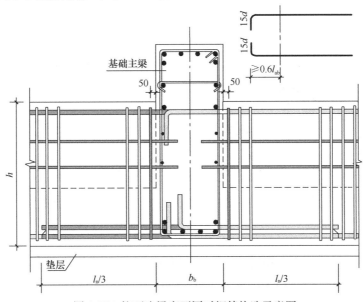

图 2-37　柱两边梁宽不同时钢筋构造示意图

支座两侧的钢筋应协调配置，梁宽较小一侧的钢筋应全部贯通支座。宽出部位的上、下排纵向钢筋，伸至支座尽端钢筋内侧，自柱边算起的锚固长度为 l_a，当直锚段不能满足要求时，可在尽端钢筋内侧弯折，弯折长度为 $15d$，且平直段长度满足 $\geqslant 0.6l_{ab}$。

2. 平板式筏形基础

（1）筏板封边构造。

当筏板基础平板端部无支承时，应对自由边进行封边处理，根据现行的国家标准，这种处理方式有两种，并在封边处设置纵向构造钢筋。需要封边的筏板基础平面布置，如图 2-38 所示。

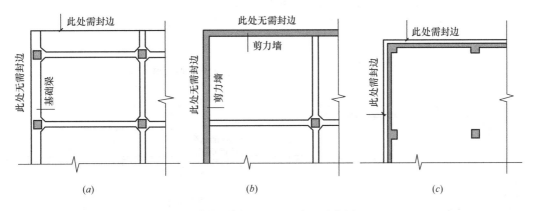

图 2-38　筏板基础平面布置示意图

1）端部有外伸时，如图 2-39 所示。

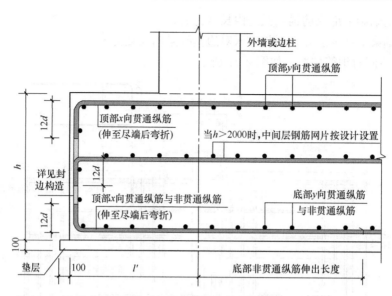

图 2-39　平板式筏形基础平板端部等截面外伸部位钢筋排布构造示意图

当筏板厚度较小时，可采用板的上层纵向钢筋与板下层纵向钢筋 90°弯折搭接，并在搭接范围内至少布置一道纵向钢筋。

当筏板厚度较厚时，可在端面设置附加 U 形构造钢筋与板上、下层弯折钢筋搭接，并设置端面的纵向构造钢筋。

施工图设计文件中应根据 16G101-3 图集中的两种做法指定一种对封边的处理方式。

基础平板（不包括基础梁宽范围）的封边构造做法如下：

　　　底部贯通筋长度＝筏板长度－保护层厚度×2＋弯折长度×2

　　　顶部贯通筋长度＝筏板长度－保护层厚度×2＋弯折长度×2

　　　底、顶部筋根数＝[筏板长度－$\min(S/2, 75)\times2$]/间距＋1

① 封边钢筋可采用 U 形钢筋，如图 2-40 所示；间距宜与板上、下层纵向钢筋一致。

弯折长度＝12d

　　　U 形封边长度＝筏板高度－保护层厚度×2＋$\max(15d, 200)\times2$

② 可将板上、下纵向钢筋弯折搭接 150mm 作为封边钢筋，如图 2-41 所示。

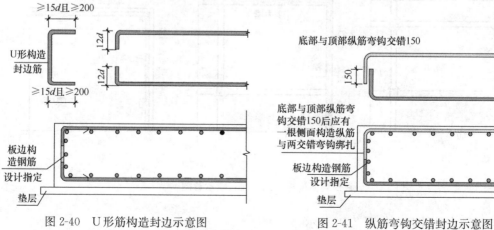

图 2-40　U 形筋构造封边示意图　　　　　　图 2-41　纵筋弯钩交错封边示意图

弯折长度＝筏板高度/2－保护层厚度＋75mm

③中层钢筋网片长度＝筏板长度－保护层厚度×2＋12d×2

2）端部无外伸时，如图 2-42 所示。

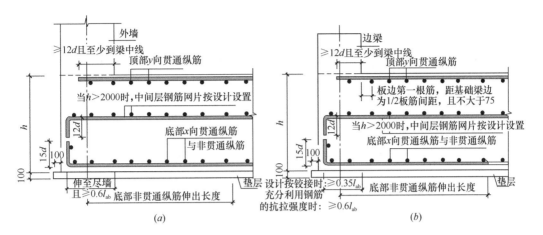

图 2-42　平板式筏形基础平板端部无外伸钢筋排布构造示意图

底部贯通筋长度＝筏板长度－保护层厚度×2＋弯折长度×2

顶部贯通筋长度＝筏板净跨长度＋max(12d，且至少到墙中线)×2

底、顶部筋根数＝[筏板净跨长度－min(S/2，75)×2]/间距＋1

（2）平板式筏形基础变截面钢筋构造。

1）板顶有高差时钢筋构造，如图 2-43 所示。

低跨的筏板上部纵筋锚入高跨内长度为 l_a。

高跨上部纵筋伸至高跨基础边缘弯折长度＝板高差值－保护层厚度＋l_a

2）板底有高差时钢筋构造，如图 2-44 所示。

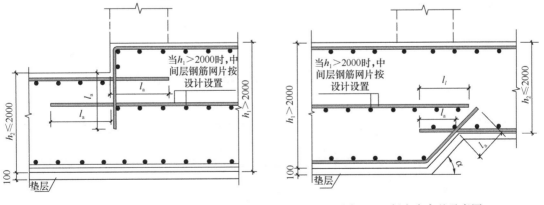

图 2-43　板顶有高差示意图　　　　图 2-44　板底有高差示意图

高跨的筏板下部纵筋锚入高跨内长度为 l_a。

低跨下部纵筋高差斜长锚入对边板内长度为 l_a。

3）板顶、板底均有高差时钢筋构造，如图 2-45 所示。

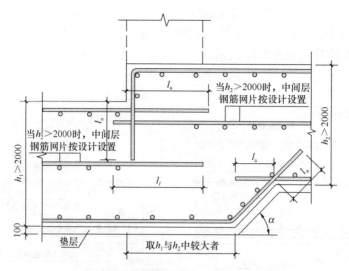

图 2-45 板顶、板底均有高差示意图

低跨的筏板上部纵筋锚入高跨内长度为 l_a。

高跨上部纵筋伸至高跨基础边缘弯折长度＝板高差值－保护层厚度＋l_a

高跨的筏板下部纵筋锚入高跨内长度为 l_a。

低跨下部纵筋高差斜长锚入对边板内长度为 l_a。

例：当梁板式筏形基础轴距为 8.4m，采用机械连接时基础底板钢筋的选用长度以及优化下料，如图 2-46、图 2-47 所示。

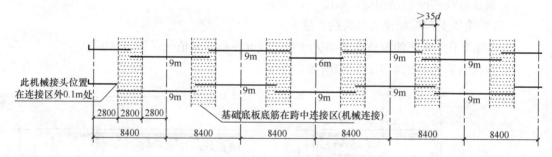

图 2-46 梁板式筏形基础底板底筋机械连接位置布置示意图

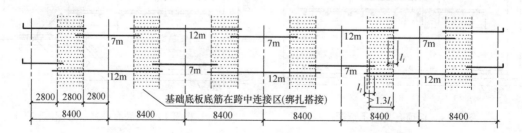

图 2-47 梁板式筏形基础底板底筋绑扎连接位置布置示意图

钢筋绑扎搭接接头连接区段的长度为 1.3 倍搭接长度，钢筋机械连接接头连接区段的长度为 35d。在受力较大处设置机械连接接头时，位于同一连接区内的纵向受拉钢筋接头面积百分率不宜大于 50%。

（1）轴距为 8.4m，可选用 9m 长钢筋为主，加少量 6m 长钢筋，如图 2-46 所示。

（2）现场只有 12m 长钢筋时采用绑扎搭接连接，如图 2-47 所示。

2.4　基础相关

2.4.1　基础相关构造制图规则

基础相关构造的平法施工图设计，系在基础平面布置图上采用直接引注方式表达。基础相关构造类型与编号，见表 2-7。

基础相关构造类型与编号　　　　　　　　　表 2-7

构件类型	代　号	序　号	说　明
基础联系梁	JLL	××	用于独立基础、条形基础、桩基承台
后浇带	HJD	××	用于梁板、平板筏基础、条形基础等
上柱墩	SZD	××	用于平板筏基础
下柱墩	XZD	××	用于梁板、平板筏基础
基坑（沟）	JK	××	用于梁板、平板筏基础
防水板	FBPB	××	用于独基、条基、桩加防水板

注：1. 基础联系梁序号：（××）为端部无外伸或无悬挑，（××A）为一端有外伸或有悬挑，（××B）为两端有外伸或有悬挑。

2. 上柱墩位于筏板顶部混凝土柱根部位，下柱墩位于筏板底部混凝土柱或钢柱柱根水平投影部位，均根据筏形基础受力与构造需要而设。

1. 基础联系梁平法施工图制图规则

基础联系梁系指连接独立基础、条形基础或桩基承台的梁。基础联系梁的平法施工图设计，系在基础平面布置图上采用平面注写方式表达。

基础联系梁注写方式及内容除见表 2-7，其余均按《混凝土结构施工图整体表示方法制图规则和构造详图（现浇混凝土框架、剪力墙、梁、板）》16G101-1 中非框架梁的制图规则执行。

2. 后浇带平法施工图制图规则

后浇带的平面形状及定位由平面布置图表达，后浇带留筋方式等由引注内容表达，包括：

（1）后浇带编号及留筋方式代号。图集留筋方式有两种，分别为：贯通和 100% 搭接。

（2）后浇混凝土的强度等级 C××。宜采用补偿收缩混凝土，设计应注明相关施工要求。

（3）后浇带区域内，留筋方式或后浇混凝土强度等级不一致时，设计者应在图中注明与图示不一致的部位及做法。

设计者应注明后浇带下附加防水层做法：当设置抗水压垫层时，尚应注明其厚度、材料与配筋；当采用后浇带超前止水构造时，设计者应注明其厚度与配筋。

后浇带引注如图 2-48 所示。

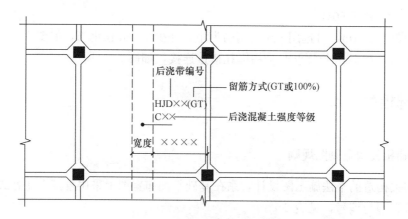

图 2-48　后浇带 HJD 引注图示

贯通（GT）留筋的后浇带宽度通常取大于或等于 800mm；100％搭接留筋的后浇带宽度通常取 800mm 与（l_l+60）mm 的较大值。

3. 上柱墩平法施工图制图规则

上柱墩 SZD，系根据平板式筏形基础受剪或受冲切承载力的需要，在板顶面以上混凝土柱的根部设置的混凝土墩。上柱墩直接引注的内容规定如下：

（1）注写编号 SZD××。

（2）注写几何尺寸。按"柱墩向上凸出基础平板高度 h_d/柱墩顶部出柱边缘宽度 c_1/柱墩底部出柱边缘宽度 c_2"的顺序注写，其表达形式为 $h_d/c_1/c_2$。当为棱柱形柱墩 $c_1=c_2$ 时，c_2 不注，表达形式为 h_d/c_1。

（3）注写配筋。按"竖向（$c_1=c_2$）或斜竖向（$c_1\neq c_2$）纵筋的总根数、强度等级与直径/箍筋强度等级、直径、间距与肢数（X 向排列肢数 m×Y 向排列肢数 n）"的顺序注写（当分两行注写时，则可不用斜线"/"）。

所注纵筋总根数环正方形柱截面均匀分布，环非正方形柱截面相对均匀分布（先设置柱角筋，其余按柱截面相对均匀分布），其表达形式为：××Φ××/Φ××@×××。

棱台形上柱墩（$c_1\neq c_2$），引注如图 2-49 所示。

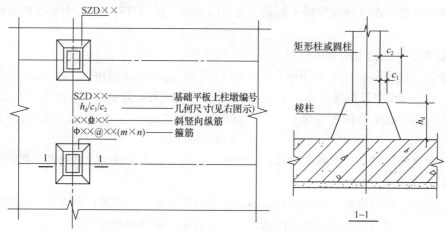

图 2-49　棱台形上柱墩引注图示

棱柱形上柱墩（$c_1 = c_2$），引注如图 2-50 所示。

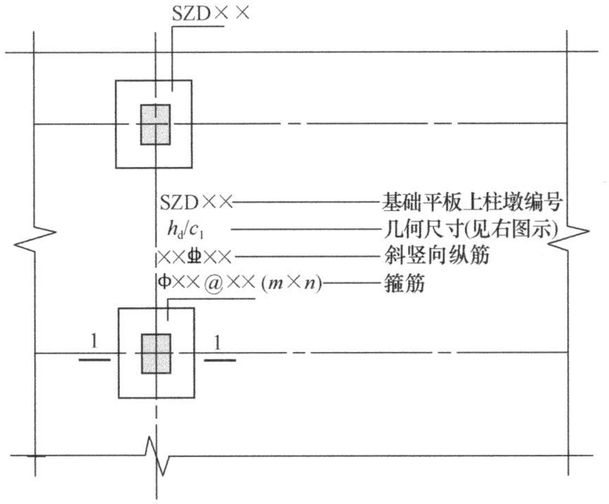

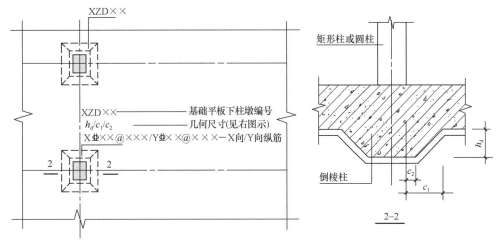

图 2-50　棱柱形上柱墩引注图示

4. 下柱墩平法施工图制图规则

下柱墩 XZD，系根据平板式筏形基础受剪或受冲切承载力的需要，在柱的所在位置、基础平板底面以下设置的混凝土墩。下柱墩直接引注的内容规定如下：

（1）注写编号 XZDXX。

（2）注写几何尺寸。按"柱墩向下凸出基础平板高度 h_d/柱墩顶部出柱边缘宽度 c_1/柱墩底部出柱边缘宽度 c_2"的顺序注写，其表达形式为 $h_d/c_1/c_2$。当为倒棱柱形柱墩 $c_1 = c_2$ 时，c_2 不注，表达形式为 h_d/c_1。

（3）注写配筋。倒棱柱下柱墩，按"X 方向底部纵筋/Y 方向底部纵筋/水平箍筋"的顺序注写（图面从左至右为 X 向，从下至上为 Y 向），其表达形式为：XΦ××@×××/YΦ××@×××/Φ××@×××；倒棱台下柱墩，其斜侧面由两向纵筋覆盖，不必配置水平箍筋，则其表达形式为：XΦ××@×××/YΦ××@×××。

倒棱台形下柱墩（$c_1 \neq c_2$），引注如图 2-51 所示。

图 2-51　倒棱台形下柱墩引注图示

倒棱柱形下柱墩（$c_1 = c_2$），引注如图 2-52 所示。

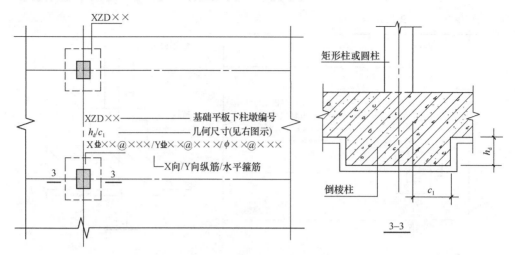

图 2-52　倒棱柱形下柱墩引注图示

5. 基坑平法施工图制图规则

基坑（JK）直接引注的内容规定如下：

（1）注写编号 JK××。

（2）注写几何尺寸。按"基坑深度 h_k/基坑平面尺寸 $x \times y$"的顺序注写，其表达形式为 $h_k/x \times y$。x 为 X 向基坑宽度，y 为 Y 向基坑宽度（图面从左至右为 X 向，从下至上为 Y 向）。

在平面布置图上应标注基坑的平面定位尺寸。

基坑引注如图 2-53 图示。

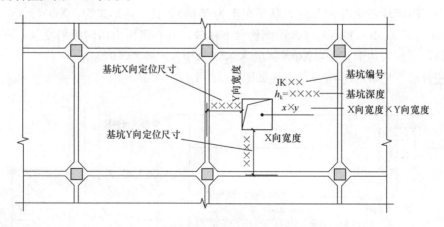

图 2-53　基坑引注图示

6. 防水板平法施工图制图规则

防水板 FBPB 平面注写集中标注。

（1）注写编号 FBPB。

（2）注写截面尺寸，注写 $h = \times\times\times$ 表示板厚。

（3）注写防水板的底部与顶部贯通纵筋。按板块的下部和上部分别注写，并以 B 代表下部，以 T 代表上部，B&T 代表下部与上部；X 向贯通纵筋以 X 打头，Y 向贯通纵筋以 Y 打头，两向贯通纵筋配置相同时则以 X&Y 打头。

当贯通筋采用两种规格钢筋"隔一布一"方式时，表达为 $\Phi XX/yy@\times\times\times$，表示直径 XX 的钢筋和直径 yy 的钢筋之间的间距为 $\times\times\times$，直径为 XX 的钢筋、直径为 yy 的钢筋间距分别为 $\times\times\times$ 的 2 倍。

（4）注写防水板底面标高，该项为选注值，当防水板底面标高与独基或条基底面标高一致时，可以不注。

2.4.2　基础钢筋翻样

1. 基础联系梁

基础联系梁用于独立基础、条形基础及桩基础。当框架柱两边的基础联系梁纵筋交错锚固时，以确保混凝土浇筑密实，使钢筋锚固效果达到强度要求。

（1）当基础联系梁高出基础顶面时，如图 2-54 所示。

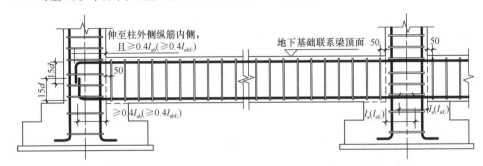

图 2-54　基础联系梁钢筋排布示意图（一）

上部/下部通长筋长度＝基础联系梁净跨长＋左支座锚固长度＋右支座锚固长度

左、右支座锚固长度的取值判断条件：

采用弯锚（图 2-54）：当 h_c(柱宽)－保护层厚度 $<l_{aE}$ 时，锚固长度＝h_c－保护层厚度 $+15d$

采用直线锚固：当 h_c(柱宽)－保护层厚度 $\geqslant l_{aE}$ 时，锚固长度＝$\max\{l_{aE}, (0.5h_c+5d)\}$

基础联系梁箍筋根数＝(基础联系梁净长－2×50)/间距＋1

（2）当基础联系梁与基础顶面相同时，如图 2-55 所示。

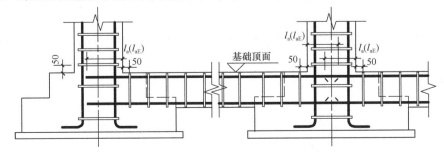

图 2-55　基础联系梁钢筋排布示意图（二）

$$上部/下部通长筋长度＝基础联系梁净跨长＋2×l_{aE}$$
$$基础联系梁箍筋根数＝(基础联系梁净长－2×50)/间距＋1$$

（3）搁置在基础上的非框架梁，如图 2-56 所示。

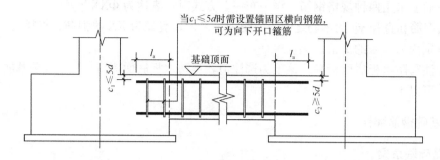

图 2-56 搁置在基础上的非框架梁示意图

$$上部/下部通长筋长度＝基础联系梁净跨长(基础内侧)＋2×l_a$$
$$基础联系梁箍筋根数＝(基础联系梁净长(基础内侧)－2×50)/间距＋1$$

锚固区横向钢筋应满足直径≥$d/4$（d 为插筋最大直径），间距≤$5d$（d 为插筋最大直径)且≤100mm 的要求。

$$锚固区横向钢筋根数＝l_a/\min(5d，100)×2$$

2. 集水坑

电梯是建筑楼层间的固定式升降设备，电梯一般要求设置机房、井道和底坑等。底坑位于最下端与基础相连，底坑深度根据电梯型号等因素确定。缓冲器的墩座预留钢筋和预埋件位置一般待电梯订货后配合厂家预留。集水坑根据集水的要求设计相应的深度。

设计和施工时应注意：

(1)电梯基坑配筋同基础底板配筋。

(2)施工前核对电梯基坑尺寸、预埋件与厂家提供的技术资料一致。

(3)电梯井周边的墙体插筋构造，基础顶面按基坑顶计算，自基坑顶墙体开始设置水平分布钢筋。

(4)墙体下，筏板上部钢筋伸至墙对边向下弯折至基坑底板内并满足锚固要求 l_a 的要求。基坑中钢筋的锚固要求，如图 2-57 所示：

1)钢筋伸到对边，满足锚固长度不小于 l_a 即可(注意锚固长度从垫层顶的弯折处开始计算)。

2)当截面尺寸不满足直线锚固长度要求时，钢筋伸到对边弯折锚固，使总长度满足锚固长度不小于 l_a 的要求。

3)根据施工是否方便，基坑侧壁的水平钢筋可位于内侧，也可位于外侧。

在筏形基础中，当底坑底面比筏形基础的底板低时，为防止在此处应力集中，侧面会设计成一定角度的斜面，斜面的钢筋也是受力钢筋，不应按垂直地面方向布置钢筋间距，应按垂直斜面方向布置钢筋间距 S，如图 2-58 所示。

在实际工作中，往往都会根据现场基坑挖好后采用实测实量的方式进行下料，因现场

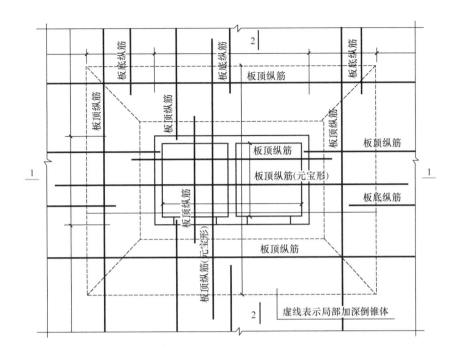

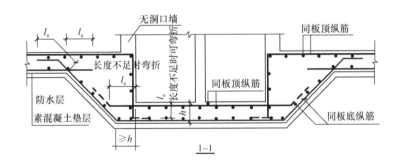

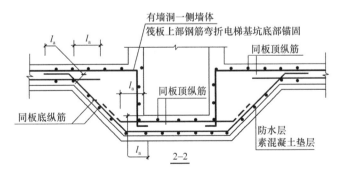

图 2-57　筏板基础电梯基坑配筋构造示意图

施工时往往为了施工方便，都会采用大型施工机械进行施工，从而导致现场与设计图纸不符，但是应以设计图纸为准进行施工。

在计算集水坑时，需要注意，保护层之间的误差，如图 2-59 所示。

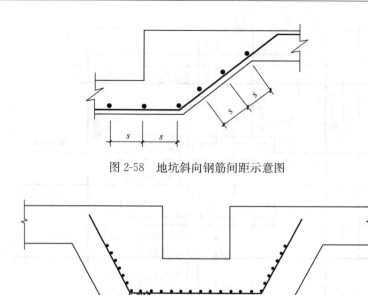

图 2-58　地坑斜向钢筋间距示意图

图 2-59　筏板基础电梯基坑斜角保护层示意图

第 3 章　柱构件识图与钢筋翻样

3.1　柱平法制图规则

柱平法施工图系在柱平面布置图上采用列表注写方式或截面注写方式表达。柱平面布置图，可采用适当比例单独绘制，也可与剪力墙平面布置图合并绘制（剪力墙结构施工图制图规则详见剪力墙部分）。

上部结构嵌固部位的注写：

（1）框架柱嵌固部位在基础顶面时，无需注明。

（2）框架柱嵌固部位不在基础顶面时，在层高表嵌固部位标高下使用双细线注明，并在层高表下注明上部结构嵌固部位标高。

（3）框架柱嵌固部位不在地下室顶板，但仍需考虑地下室顶板对上部结构实际存在嵌固作用时，可在层高表地下室顶板标高下使用双虚线注明，此时首层柱端箍筋加密区长度范围及纵筋连接位置均按嵌固部位要求设置。

3.1.1　列表注写方式

列表注写方式，系在柱平面布置图上（一般只需采用适当比例绘制一张柱平面布置图，包括框架柱、转换柱、梁上柱和剪力墙上柱），分别在同一编号的柱中选择一个（有时需要选择几个）截面标注几何参数代号；在柱表中注写柱编号、柱段起止标高、几何尺寸（含柱截面对抽线的偏心情况）与配筋的具体数值，并配以各种柱截面形状及其箍筋类型图的方式，来表达柱平法施工图。

3.1.2　柱表注写内容

（1）注写柱编号，柱编号由类型代号和序号组成，应符合表 3-1 要求。

柱 编 号 表　表 3-1

柱类型	代号	序号
框架柱	KZ	××
转换柱	ZHZ	××
芯柱	XZ	××
梁上柱	LZ	××
剪力墙上柱	QZ	××

注：编号时，当柱的总高、分段截面尺寸和配筋均对应相同，仅截面与轴线的关系不同时，仍可将其编为同一柱号，但应在图中注明截面与轴线的关系。

（2）注写各段柱的起止标高，自柱跟部往上以变截面位置或截面未变但配筋改变处为界分段注写。框架柱和转换柱的根部标高系指基础顶面标高；芯柱的根部标高系指根据结构实际需要而定的起始位置标高；梁上柱的根部标高系指梁顶面标高；剪力墙上柱的根部标高为墙顶面标高。

注：对剪力墙上柱 QZ 本 16G101-1 图集提供了"柱纵筋锚固在墙顶部""柱与墙重叠一层"两种构造做法，设计人员应注明选用哪种做法。当选用"柱纵筋锚固在墙顶部"做法时，剪力墙平面外方向应设梁。

（3）对于矩形柱，注写柱截面尺寸 $b \times h$ 及轴线关系的几何参数代号 b_1、b_2 和 h_1、h_2 的具体数值，需对应于各段柱分别注写。其中 $b = b_1 + b_2$，$h = h_1 + h_2$。当截面的某一边收缩变化至与轴线重合或偏到轴线的另一侧时，b_1、b_2、h_1、h_2 中的某项为零或为负值。

对于圆柱，表中 $b \times h$ 一栏改用在圆柱直径数字前加 d 表示。为表达简单，圆柱截面与轴线的关系也用 b_1、b_2 和 b_1、b_2 和 h_1、h_2 表示，并使 $d = b_1 + b_2 = h_1 + h_2$。

对于芯柱，根据结构需要，可以在某些框架柱的一定高度范围内，在其内部的中心位置设置（分别引注其柱编号）。芯柱中心应与柱中心重合，并标注其截面尺寸，按本图集标准构造详图施工；当设计者采用与本构造详图不同的做法时，应另行注明。芯柱定位随框架柱，不需要注写其与轴线的几何关系。

（4）注写柱纵筋。当柱纵筋直径相同，各边根数也相同时（包括矩形柱、圆柱和芯柱），将纵筋注写在"全部纵筋"一栏中；除此之外，柱纵筋分角筋、截面 b 边中部筋和 h 边中部筋三项分别注写（对于采用对称配筋的矩形截面柱，可仅注写一侧中部筋，对称边省略不注；对于采用非对称配筋的矩形截面柱，必须每侧均注写中部筋）。

（5）注写箍筋类型号及箍筋肢数。

（6）注写柱箍筋，包括钢筋级别、直径与间距。用斜线"/"区分柱端箍筋加密区与柱身非加密区长度范围内箍筋的不同间距。施工人员需根据标准构造详图的规定，在规定的几种长度值中取其最大者作为加密区长度。当框架节点核心区内箍筋与柱端箍筋设置不同时，应在括号中注明核心区箍筋直径及间距。当箍筋沿柱全高为一种间距时，则不使用"/"线。当圆柱采用螺旋箍筋时，需在箍筋前加"L"。

（7）具体工程所设计的各种箍筋类型图以及箍筋复合的具体方式，需画在表的上部或图中的适当位置，并在其上标注与表中相对应的 b、h 和类型号。

注：确定箍筋肢数时要满足柱纵筋"隔一拉一"以及箍筋肢数的要求。

3.1.3 截面注写方式

截面注写方式，系在柱平面布置图的柱截面上，分别在同一编号的柱中选择一个截面，以直接注写截面尺寸和配筋具体数值的方式来表达柱平法施工图。

对除芯柱之外的所有柱截面的规定进行编号，从相同编号的柱中选择一个截面，按另一种比例原位放大绘制柱截面配筋图，并在各配筋图上继其编号后再注写截面尺寸 $b \times h$、角筋或全部纵筋（当纵筋采用一种直径且能够图示清楚时）、箍筋的具体数值，以及在柱截面配筋图上标注柱截面与轴线关系 b_1、b_2、h_1、h_2 的具体数值。

当纵筋采用两种直径时，需再注写截面各边中部筋的具体数值（对于采用对称配筋的矩形截面柱，可仅在一侧注写中部筋，对称边省略不注）。

当在某些框架柱的一定高度范围内，在其内部的中心位设置芯柱时，首先按照规定进行编号，继其编号之后注写芯柱的起止标高、全部纵筋及箍筋的具体数值，芯柱截面尺寸按构造确定，并按标准构造详图施工，设计不注；当设计者采用与本构造详图不同的做法时，应另行注明。芯柱定位随框架柱，不需要注写其与轴线的几何关系。

在截面注写方式中，如柱的分段截面尺寸和配筋均相同，仅截面与轴线的关系不同时，可将其编为同一柱号。但此时应在未画配筋的柱截面上注写该柱截面与轴线关系的具体尺寸。

3.2　柱钢筋翻样

《混凝土结构施工图平面整体表示方法制图规则和构造详图》16G101-1 中对框架柱嵌固部位的注写与抗震构造均有相关规定：

（1）框架柱嵌固部位在基础顶面时，无须注明。无地下室时浅埋的扩展基础嵌固部位一般为基础顶面。

（2）框架柱嵌固部位不在基础顶面时，设计在层高表嵌固部位标高下使用双细线注明，并在层高表下方注明上部结构嵌固部位标高。有地下室时，需要根据实际工程情况由设计注明嵌固部位。

（3）框架柱嵌固部位不在地下室顶板，但仍需考虑地下室顶板对上部结构实际存在嵌固作用时，可在层高表地下室顶板标高下使用双虚线注明，此时首层柱端箍筋加密区长度范围及纵筋连接位置均按嵌固部位要求设置。

3.2.1　基础中钢筋长度及箍筋计算

（1）在基础中插筋的长度（以嵌固部位不在基础顶面时讲解，实际遇到嵌固部位在基础顶面时，只需连接区改为 $H_n/3$），如图 3-1 所示

1）当基础高度满足直锚，如图 3-1（a）所示。

基础短向插筋长度＝max（6d，150）＋基础高度－保护层厚度－底部钢筋网片的钢筋直径＋max（$H_n/6$，h_c，500）

基础长向插筋长度＝max（6d，150）＋基础高度－保护层厚度－底部钢筋网片的钢筋直径＋max（$H_n/6$，h_c，500）＋max（35d，500）

机械连接之所以未考虑 500 的界限，是因为框架柱纵向受力钢筋一般比较大，当直径大于 16mm 时（500÷35≈14.28mm）都可以满足大于 500 的要求。

2）当纵向受力钢筋保护层厚度≤5d 的情况，基础高度满足直锚，如图 3-1（b）所示。

基础短向插筋长度＝max（6d，150）＋基础高度－保护层厚度－底部钢筋网片的钢筋直径＋max（$H_n/6$，h_c，500）

基础长向插筋长度＝max（6d，150）＋基础高度－保护层厚度－底部钢筋网片的钢筋直径＋max（$H_n/6$，h_c，500）＋max（35d，500）

3）当纵向受力钢筋保护层厚度＞5d 的情况，基础高度满足直锚，如图 3-1（c）所示。

基础短向插筋长度＝15d＋基础高度－保护层厚度－底部钢筋网片的钢筋直径＋max（$H_n/6$，h_c，500）

基础长向插筋长度＝15d＋基础高度－保护层厚度－底部钢筋网片的钢筋直径＋max（$H_n/6$，h_c，500）＋max（35d，500）

4）当纵向受力钢筋保护层厚度≤5d的情况，基础高度不满足直锚，如图3-1（d）所示。

基础短向插筋长度＝15d＋基础高度－保护层厚度－底部钢筋网片的钢筋直径＋max（$H_n/6$，h_c，500）

基础长向插筋长度＝15d＋基础高度－保护层厚度－底部钢筋网片的钢筋直径＋max（$H_n/6$，h_c，500）＋max（35d，500）

柱纵筋在基础内锚固要求：

当基础高度满足直锚要求时，柱纵向钢筋伸入基础内的锚固长度应不小于l_{aE}，钢筋下端宜伸至基础底部钢筋网片上90°弯折，弯折后水平投影长度为6d（d为纵向钢筋直径）且不小于150mm，此弯钩为构造要求，可起到坐在钢筋网片上的作用。

当基础高度不能满足直锚要求时，柱纵筋伸入基础内直段投影长度应满足不小于0.6l_{abE}且不小于20d的要求，伸至基础底部钢筋网片上90°水平弯折，弯折后水平投影长度为15d（d为纵向钢筋直径），此弯钩为满足受力要求而做。

（2）基础内箍筋根数计算，如图3-1所示。

1）间距≤500mm，且不少于两道矩形封闭箍筋（非复合箍）。

基础中箍筋根数＝max[（基础高度－100－保护层－底部钢筋网片的钢筋直径）/500＋1，2]

2）柱锚固区横向钢筋构造要求。

柱竖向钢筋在基础高度范围内保护层厚度不大于5d时，为保证竖向钢筋锚固可靠，防止发生混凝土的劈裂产生，应设置横向构造钢筋。

① 柱竖向钢筋锚固区横向构造钢筋应满足直径不小于$d/4$（取保护层厚度小于或等于5d纵筋的最大直径），间距不大于5d（取不满足要求纵筋的最小直径）且不大于100mm，即 min（5d，100）。

② 柱竖向钢筋锚固区横向构造钢筋，可为非复合箍筋，箍筋端部宜为135°弯钩，弯钩后平直段长度可取5d，如图3-2所示。

③ 当柱竖向钢筋周边配有其他与插筋相垂直的钢筋（比如筏形基础外边缘设有封边构造钢筋及侧面构造钢筋时），且满足第①款要求时，可替代锚固区横向构造钢筋。

基础中箍筋根数＝max[（基础高度－100－保护层厚度－底部钢筋网片的钢筋直径）/min（5d，100）＋1，2]

3.2.2　首层柱钢筋长度及箍筋计算

在工程实际中，钢筋供货定尺与实际结构往往还有不太适应的情况，在不能争取完全适应层高的定尺钢筋的情况下，应充分考虑原材的利用率。注意当采用电渣压力焊时，需要考虑电渣压力焊的热熔损耗所减少的纵筋长度。

（1）因柱钢筋直径较大，故按照机械连接接头或焊接连接接头讲解（按照有嵌固部位

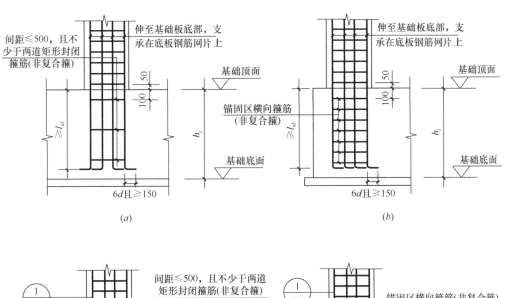

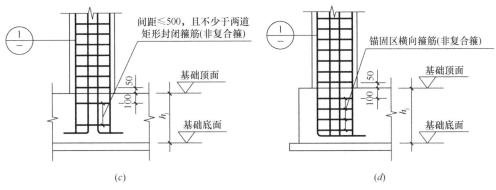

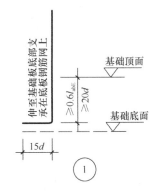

图 3-1　柱纵筋在基础中构造示意图

(a) 保护层厚度>5d；基础高度满足直锚；(b) 保护层厚度≤5d；基础高度满足直锚；(c) 保护层厚度>5d；
基础高度不满足直锚；(d) 保护层厚度≤5d；基础高度不满足直锚

考虑），如图 3-3 所示。

柱首层纵筋长度＝首层层高－非连接区 $H_n/3$＋max（$H_n/6$，h_c，500）［当考虑焊接连接时，应考虑纵筋的烧熔量损耗］

（2）首层箍筋数量（计算值取整），如图 3-4 所示

上部加密区箍筋根数＝［max($H_n/6$，500，h_c)＋节点区梁高－50］/加密区间距＋1

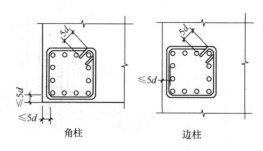

图 3-2　横向构造箍筋示意图

下部加密区箍筋根数＝（H_n/3−50)/加密区间距＋1

非加密区箍筋根数＝〈层高−[50＋(上部加密区箍筋根数−1)×加密区间距]＋[50＋(下部加密区箍筋根数−1)×加密区间距]〉/非加密区间距−1

箍筋数量＝上部加密区箍筋根数＋非加密区箍筋根数＋下部加密区箍筋根数

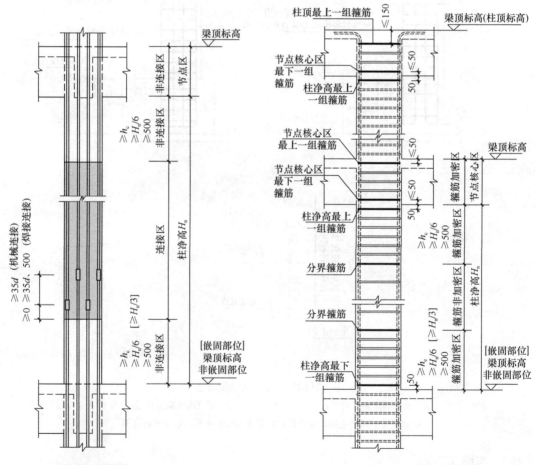

图 3-3　框架柱机械连接、焊接连接示意图　　　　图 3-4　柱箍筋排布构造示意图

3.2.3　中间层柱钢筋长度及箍筋计算

（1）因柱钢筋直径较大，故按照机械连接接头或焊接连接接头讲解（按照有嵌固部位

考虑），如图 3-3、图 3-4 所示。

柱中间层纵筋长度＝中间层层高－当前层非连接区 $\max(H_n/6，h_c，500)$＋（当前层＋1）层非连接区 $\max(H_n/6，h_c，500)$（当考虑焊接连接时，应考虑纵筋的烧熔量损耗）

（2）中间层箍筋数量（计算值取整），如图 3-4 所示。

上部加密区箍筋根数＝$[\max(H_n/6，500，h_c)$＋节点区梁高－50$]$/加密区间距＋1

下部加密区箍筋根数＝$[\max(H_n/6，500，h_c)$－50$]$/加密区间距＋1

非加密区箍筋根数＝$\{$层高－$[50$＋（上部加密区箍筋根数－1）×加密区间距$]$＋$[50$＋（下部加密区箍筋根数－1）×加密区间距$]\}$/非加密区间距－1

箍筋数量＝上部加密区箍筋根数＋非加密区箍筋根数＋下部加密区箍筋根数

3.2.4　顶层柱钢筋长度及箍筋计算

顶层框架柱分为中柱、边柱和角柱三种情况。

框架梁、柱在顶层端节点（边节点和角节点）处钢筋有三种构造做法：一是搭接接头沿顶层端节点外侧及梁端顶部布置；二是沿节点柱顶外侧直线布置；三是顶层端节点柱外侧纵向钢筋可弯入梁内做梁上部纵向钢筋。

1. 顶层中柱钢筋构造

顶层中柱钢筋构造如图 3-5 所示。

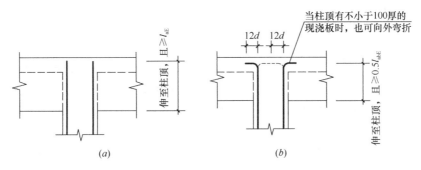

图 3-5　中柱柱顶纵向钢筋构造示意图

（a）满足直锚要求；（b）柱纵向钢筋弯折锚固

（1）当截面尺寸满足直锚长度：

顶层中柱长筋长度＝顶层层高－保护层厚度－$\max(H_n/6，500，h_c)$

顶层中柱长筋长度＝顶层层高－保护层厚度－$\max(H_n/6，500，h_c)$－$\max(35d，500)$

（2）当截面尺寸不满足直锚长度：

顶层中柱长筋长度＝顶层层高－保护层厚度＋$12d$－$\max(H_n/6，500，h_c)$

顶层中柱长筋长度＝顶层层高－保护层厚度＋$12d$－$\max(H_n/6，500，h_c)$－$\max(35d，500)$

1）当顶层框架梁的底标高不相同时，柱纵向钢筋的锚固长度起算点以梁截面高度小的梁底算起，如图 3-6（a）所示。

2）沿某一方向，与柱相连的梁为竖向加腋梁，此时柱纵向钢筋的锚固起算点以与柱交界面处竖向加腋梁的腋底算起，如图 3-6（b）所示。

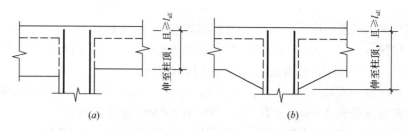

图 3-6   中柱柱顶纵向钢筋锚固起算点示意图

（a）框架梁的底标高不相同时；（b）与柱相连的梁为竖向加肢梁时

3）无梁楼盖的中柱柱顶纵筋锚固，如图 3-7 所示。当框架梁纵向钢筋以托板或柱帽底算起，伸入长度满足 l_{aE} 时还应伸至柱顶并弯折 $12d$；或不满足直锚要求时，柱纵向钢筋应伸至柱顶，包括弯弧段在内的钢筋竖向投影长度不应小于 $0.5l_{abE}$，在弯折平面内包含弯弧段的水平投影长度不宜小于 $12d$。

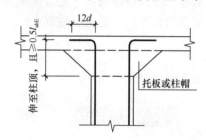

图 3-7   无梁楼盖中柱柱顶纵筋
构造示意图

2. 顶层边角柱钢筋构造

在承受以静力荷载为主的框架中，顶层端节点的梁、柱端均主要承受负弯矩作用，相当于 $90°$ 折梁。节点外侧钢筋不是锚固受力，而属于搭接传力问题，故不允许将柱纵筋伸至柱顶，而将梁上部钢筋锚入节点的做法。

搭接接头设在节点外侧和梁顶顶面的 $90°$ 弯折搭接（柱锚梁）和搭接接头设在柱顶部外侧的直线搭接（梁锚柱）这两种做法：第一种做法（柱锚梁）适用于梁上部钢筋和柱外侧钢筋数量不致过多的民用建筑框架。其优点是梁上部钢筋不伸入柱内，有利于梁底标高处设置柱内混凝土施工缝。但当梁上部和柱外侧钢筋数量过多时，采用第一种做法将造成节点顶部钢筋的拥挤，不利于自上而下浇筑混凝土。此时，宜改为第二种做法（梁锚柱）。

采用柱锚梁时（需要与梁部分结合起来）：

（1）节点外侧和梁端顶面 $90°$ 弯折搭接，如图 3-8 所示。

1）梁上部纵向钢筋伸至柱外侧纵筋内侧弯折，弯折段伸至梁底（需要与梁部分结合起来）。

2）伸入梁内的柱外侧钢筋（钢筋①）与梁上部纵向钢筋搭接，从梁底算起的搭接长度不应小于 $1.5l_{abE}$，伸入梁内的柱外侧钢筋截面积不宜小于柱外侧纵向钢筋全部面积的 65%。

3）梁宽范围以外柱外侧钢筋（钢筋②）。

位于柱顶第一层时，伸至柱内边后向下弯折 $8d$，如图 3-8 所示中 A 节点 ②ₐ。

位于柱顶第二层时，伸至柱内边截断，如图 3-8 所示中 A 节点 ②ᵦ。

当有 ≥100mm 的现浇板时，也可伸入现浇板内，其长度与伸入梁内的柱纵向钢筋相同，如图 3-8 所示中 C 节点。

4）当柱外侧纵向钢筋配筋率大于 1.2% 时，钢筋①分两批截断，截断点之间距离不

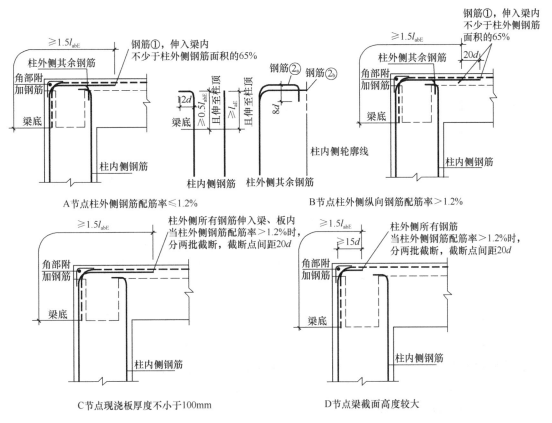

图 3-8　节点外侧和梁端顶面 90°搭接构造示意图

宜小于 $20d$，如图 3-8 所示中 B 节点。

$$配筋率＝柱外侧纵向钢筋面积/柱截面面积$$

5）当梁的截面高度较大，梁、柱纵向钢筋相对较小，钢筋①从梁底算起的弯折搭接长度未伸至柱内侧边缘即已满足 $1.5l_{abE}$ 的要求时，其弯折后包括弯弧在内的水平段长度不应小于 $15d$，如图 3-8 所示中 D 节点。

柱外侧纵向钢筋长度，内侧钢筋长度（同顶层中柱长度）：

A 节点：顶层柱外侧纵筋长筋长度＝顶层层高－$\max(H_n/6，500，h_c)$－梁高＋$1.5l_{abE}$

顶层柱外侧纵筋短筋长度＝顶层层高－$\max(H_n/6，500，h_c)$－梁高＋$1.5l_{abE}$－$\max(35d，500)$

B 节点：与 A 节点相同，但是长的部分需要增加 $20d$。

C 节点：与 A 节点和 B 节点相同。

D 节点：（注意当柱外侧纵向钢筋配筋率大于 1.2％时，长的部分需要增加 $20d$）

顶层柱外侧纵筋长筋长度＝顶层层高－$\max(H_n/6，500，h_c)$－梁高＋$\max(1.5l_{abE}，$梁高－保护层厚度＋$15d)$

顶层柱外侧纵筋短筋长度＝顶层层高－$\max(H_n/6，500，h_c)$－梁高＋$\max(1.5l_{abE}，$梁高－保护层厚度＋$15d)$－$\max(35d，500)$

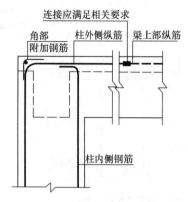

图 3-9 柱外侧纵筋弯入梁内
作梁筋示意图

（2）柱外侧钢筋与梁上部钢筋合并做法，如图 3-9 所示。

当梁上部钢筋和柱外侧钢筋数量匹配时，可将柱外侧处于梁截面宽度内的纵向钢筋直接弯入梁上部做梁负弯矩钢筋使用，如图 3-9 所示。

顶层柱外侧纵筋长筋长度＝顶层层高－$\max(H_n/6, 500, h_c)$－梁高－保护层厚度＋弯入梁内的长度

顶层柱外侧纵筋短筋长度＝顶层层高－$\max(H_n/6, 500, h_c)$－梁高－保护层厚度＋弯入梁内的长度－$\max(35d, 500)$

3. 柱顶角部附加钢筋构造

柱顶角部附加钢筋构造如图 3-10 所示。

框架柱顶层端节点处，柱外侧纵向受力钢筋弯弧内半径比其他部位要大，是为了防止节点内弯折钢筋的弯弧下混凝土局部被压碎；框架梁上部纵向钢筋及柱外侧纵向钢筋在顶层端节点处的弯弧内半径，根据钢筋直径的不同，而规定弯弧内半径不同，在施工中这种不同经常被忽略，特别是框架梁的上部纵向受力钢筋。梁上部纵向受力钢筋与柱外侧纵向钢筋在节点角部的弯弧内半径，当钢筋的直径不大于 25mm 时，取不小于 $6d$。当钢筋的直径大于 25mm 时，取不小于 $8d$（d 为钢筋的直径）。

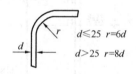

图 3-10 顶层节点角部
纵筋钢筋弯折要求
示意图

由于顶层梁上部钢筋和柱外侧纵向钢筋的弯弧内半径加大，框架角节点钢筋外弧以外可能形成保护层很厚的素混凝土区，因此要设置附加构造钢筋加以约束，防止混凝土裂缝、坠落。构造要求是保证结构安全的一种措施，不可以随意取消。框架柱在顶层端节点外侧上角处，至少设置 3 根 $\Phi10$ 的钢筋，间距不大于 150mm，并与主筋扎牢。在角部设置 1 根 $\Phi10$ 的附加钢筋，当有框架边梁通过时，此钢筋可以取消，如图 3-11 所示。

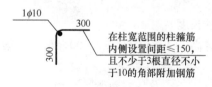

图 3-11 角部附加钢筋示意图

4. 柱纵筋变化钢筋构造

框架柱根据承载力计算要求而配置纵向受力钢筋，上、下柱计算出的纵向钢筋面积不同时：能够贯通的钢筋尽量贯通；钢筋面积相差不大的情况，可通过改变部分纵筋直径的方式解决，或不影响已有纵筋排布位置时增加少量钢筋，因搭接情况采用不多，本书按机械连接接头或焊接连接接头讲解。

需要注意：必须保证纵筋的接头面积百分率均不宜大于 50%，需要根据实际情况来确定纵筋的长度。

当上柱比下柱的纵向钢筋根数多，但上、下柱钢筋直径相同时，上柱多出的纵向钢筋截断后应锚固在下柱内，从框架梁顶算起的长度不应小于 $1.2l_{aE}$，如图 3-12 所示。

柱短插筋＝$\max(H_n/6, 500, h_c)+1.2l_{aE}$

柱长插筋＝$\max(H_n/6, 500, h_c)+1.2l_{aE}+\max(35d, 500)$

当下柱比上柱的纵向钢筋根数多，但上、下柱钢筋直径相同时，下柱多出的钢筋截断点后应锚固在上柱内，从框架梁底算起的长度不应小于 $1.2l_{aE}$，如图 3-13 所示。

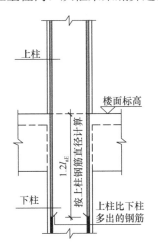
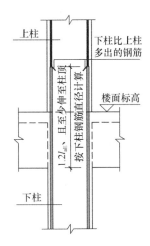

图 3-12 上柱纵筋比下柱多示意图   图 3-13 上柱纵筋比下柱少示意图

当上柱与下柱钢筋根数相同但部分钢筋直径不同时，上柱较大直径钢筋可在下柱内采用机械连接或搭接连接。若采用搭接连接，应在箍筋加密区以外进行连接，且接头面积百分率均不宜大于 50%，如图 3-14 所示。

当下柱与上柱纵向钢筋根数相同，但下柱钢筋直径大于上柱时，可在上柱采用机械连接或搭接连接。若采用搭接连接，应在箍筋加密区以外进行连接，且接头面积百分率均不宜大于 50%，如图 3-15 所示。

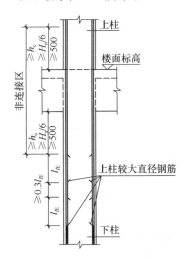

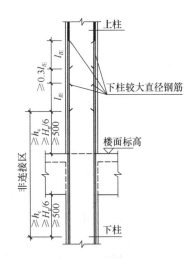

图 3-14 上柱纵筋直径比下柱大示意图   图 3-15 上柱纵筋直径比下柱小示意图

5. 柱变截面钢筋构造

△ 值是指上层框架柱的宽度与本层框架柱的宽度同一侧的差值，包括保护层厚度。

当 $\Delta/h_b \leqslant 1/6$ 时，柱纵向钢筋应微弯贯通，梁高范围内梁底开始弯折，上部需要从梁顶下 50mm 开始弯折，如图 3-16 所示。

当 $\Delta/h_b > 1/6$ 时，柱纵向钢筋在同方向上、下层不能连通时，应在本层本层断开弯折（当在室内侧时，包括 Δ 在内弯折长度为 $12d$；当在室外侧时，为了增大对柱纵筋的约束，柱纵筋外侧需要弯折 $\Delta-$ 保护层厚度 $+l_{aE}$），上柱向下需要锚固 $1.2l_{aE}$，如图 3-16 所示。

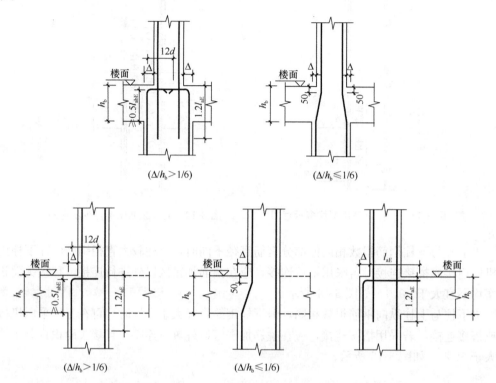

图 3-16　柱变截面位置纵向钢筋示意图

6. 柱钢筋的其他构造

（1）刚性地面钢筋构造。

1）刚性地面平面内的刚度比较大，在水平力作用下，平面内变形很小，对柱根有较大的侧向约束作用。通常现浇混凝土地面会对混凝土柱产生约束，其他硬质地面达到一定厚度也属于刚性地面。如石材地面、沥青混凝土地面及有一定基层厚度的地砖地面等。

2）在刚性地面上下各 500mm 范围内设置箍筋加密，其箍筋直径和间距按柱端箍筋加密区的要求。当柱两侧均为刚性地面时，加密范围取各自上下的 500mm；当柱仅一侧有刚性地面时，也应按要求设置加密区，如图 3-17 所示。

3）当与柱端箍筋加密区范围重叠时，重叠区域的箍筋可按柱端部加密箍筋要求设置，加密区范围同时满足柱端加密区高度及刚性地面上下各 500mm 的要求。

（2）框架芯柱的构造要求。

1）抗震设计的框架柱，为了提高柱的受压承载力，增强柱的变形能力，可在框架柱内设置芯柱；试验研究和工程实践都证明，在框架柱内设置芯柱，可以有效地减少柱的压缩，具有良好的延性和耗能能力。芯柱在大地震的情况下，能有效地改善在高轴压比情况下的抗震性能，特别是对高轴压比下的短柱，更有利于提高变形能力，延缓倒塌。

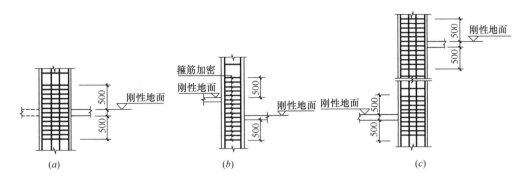

图 3-17　刚性地面柱箍筋加密区范围示意图

（a）两侧等高仅一侧有；（b）两侧刚性地面净高差≤1000mm；（c）两侧刚性地面净高差＞1000mm

　　2）芯柱的设置应由设计确定，并在施工图设计文件中注明芯柱尺寸和芯柱内配筋。芯柱应设置在框架柱的截面中心部位，其截面尺寸的确定需要考虑框架梁纵向钢筋方便穿过。

第4章 剪力墙构件识图与钢筋翻样

4.1 剪力墙平法制图规则

剪力墙平法施工图系在剪力墙平面布置图上采用列表注写方式或截面注写方式表达。剪力墙平面布置图可采用适当比例单独绘制，也可与柱或梁平面布置图合并绘制。当剪力墙较复杂或采用截面注写方式时，应按标准层分别绘制剪力墙平面布置图。在剪力墙平法施工图中，应按规定注明各种结构层的楼面层高、结构层高及相应的结构层号，尚应注明上部结构嵌固部位位置。对于轴线未居中的剪力墙（包括端柱），应标注其偏心定位尺寸。

4.1.1 列表注写方式

为表达清楚、简便，剪力墙可视为由剪力墙柱、剪力墙身和剪力墙梁三类构件构成。

列表注写方式，系分别在剪力墙柱表、剪力墙身表和剪力墙梁表中，对应于剪力墙平面布置图上的编号，用绘制截面配筋图并注写几何尺寸与配筋具体数值的方式，来表达剪力墙平法施工图。

编号规定：将剪力墙按剪力墙柱、剪力墙身、剪力墙梁（简称为墙柱、墙身、墙梁）三类构件分别编号。

（1）墙柱编号，由墙柱类型代号和序号组成，表达形式应符合表 4-1 的规定。

墙 柱 编 号   表 4-1

墙柱类型	代号	序号
约束边缘构件	YBZ	××
构造边缘构件	GBZ	××
非边缘暗柱	AZ	××
扶壁柱	FBZ	××

注：约束边缘构件包括约束边缘暗柱、约束边缘端柱、约束边缘翼墙、约束边缘转角墙四种（图 4-1）。构造边缘构件包括构造边缘暗柱、构造边缘端柱、构造边缘翼墙、构造边缘转角墙四种（图 4-2）。

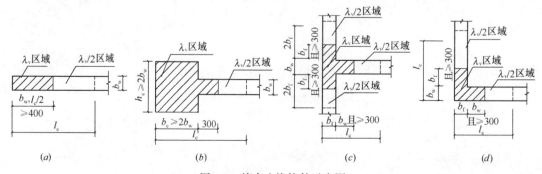

图 4-1 约束边缘构件示意图

（a）约束边缘暗柱；（b）约束边缘端柱；（c）约束边缘翼墙；（d）约束边缘转角墙

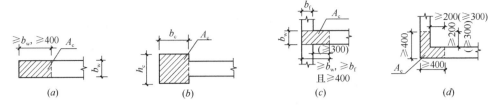

图 4-2　构造边缘构件示意图

(a) 构造边缘暗柱；(b) 构造边缘端柱；(c) 构造边缘翼墙（括号中数值用于高层建筑）；
(d) 构造边缘转角墙（括号中数值用于高层建筑）

（2）墙身编号由墙身代号、序号以及墙身所配置的水平与竖向分部钢筋的排数组成，其中排数注写的括号内。表达形式为：Q××（××排）。

1）在编号中：若干墙柱的截面尺寸与配筋均相同，仅截面与轴线的关系不同时，可将其编为同一墙柱号；若干墙身的厚度尺寸和配筋均相同，仅墙厚与轴线的关系不同或墙身长度不同时，也可将其编写为同一墙身号，但应在图中注明与轴线的几何关系。

2）当墙身所设置的水平与竖向分布钢筋的排数为 2 时可不注。

3）对于分布钢筋网的排数规定：当剪力墙厚度不大于 400mm 时，应配置双排；当剪力墙厚度大于 400mm，但不大于 700mm 时，宜配置三排；当剪力墙厚度大于 700mm 时，宜配置四排。各排水平分布钢筋和竖向分布钢筋的直径与间距宜保持一致。当剪力墙配置的分布钢筋多于两排时，剪力墙拉筋两端应同时勾住外排水平纵筋和竖向纵筋，还应与剪力墙内排水平纵筋和竖向纵筋绑扎在一起。

（3）墙梁编号，由强梁类型代号和序号组成，表达形式应符合见表 4-2。

墙 梁 编 号　　　　　　　　　　　　　　　　　　　　　　　　　　表 4-2

墙梁类型	代号	序号
连梁	LL	××
连梁（对角暗撑配筋）	LL（JC）	××
连梁（交叉斜筋配筋）	LL（JX）	××
连梁（集中对角斜筋配筋）	LL（DX）	××
连梁（跨高比不小于 5）	LLK	××
暗梁	AL	××
边框梁	BKL	××

注：1　在具体过程中，当某些墙身需设置暗梁或边框梁时，宜在剪力墙平法施工图中绘制暗梁或边框梁的平面布置图并编号，以明确其具体位置。

　　2　跨高比不小于 5 的连梁按框架梁设计时，代号为 LLK。

4.1.2　在剪力墙柱表中表达的内容

（1）注写墙柱编号（见表 4-1），绘制该墙柱的截面配筋图，标注墙柱几何尺寸。

1）约束边缘构件（图 4-1）需注明阴影部分尺寸。剪力墙平面布置图中应注明约束边缘构件沿墙肢长度 l_c（约束边缘翼墙肢长度尺寸为 $2b_f$ 时可不注）。

2）构造边缘构件（图 4-2）需注明阴影部分尺寸。

3）扶壁柱及排边缘暗柱需标注几何尺寸。

（2）注写各段墙柱的起止标高，自墙柱根部往上以变截面位置或截面未变但配筋改变处为界分段注写。墙柱根部标高一般指基础顶面标高（部分框支剪力墙结构则为框支梁顶面标高）。

（3）注写各段墙柱的纵向钢筋和箍筋，注写值应与在表中绘制的截面配筋图对应一致。纵向钢筋注总配筋值；墙柱箍筋的注写方式与柱箍筋相同

（4）设计施工时应注意：

1）在剪力墙平面布置图中需注写约束边缘构件非阴影区内布置的拉筋或箍筋直径，与阴影区箍筋直径相同时，可不注。

2）当约束边缘构件体积配筋率计算中计入墙身水平分布钢筋时，设计者应注明。施工时，墙身水平分布钢筋应注意采用相应的构造做法。

3）约束边缘构件非阴影区拉筋是沿剪力墙竖向分部钢筋逐根设置。施工时应注意，非阴影区外圈设置箍筋时，箍筋应包住阴影区内第二列竖向纵筋。当设计采用与本构造详图不同的做法时，应另行注明。

4）当非底部加强部位构造边缘构件不设置外圈封闭箍筋时，设计者应注明。施工时，墙身水平分布钢筋应注意采用相应的构造做法。

4.1.3 在剪力墙身表中表达的内容

（1）注写墙身编号（含水平与竖向分布钢筋的排数）。

（2）注写各段墙身起止标高，自墙身根部往上以变截面位置或截面未变但配筋改变处为界分段注写。墙身根部标高一般指基础顶面标高（部分框支剪力墙结构则为框支梁的顶面标高）。

（3）注写水平分布钢筋、竖向分部钢筋和拉结筋的规格与间距，具体设置几排已经在墙身编号后面表达。

拉结筋应注明布置方式"矩形"或"梅花形"布置，用于剪力墙分布钢筋的拉结，如图 4-3 所示。

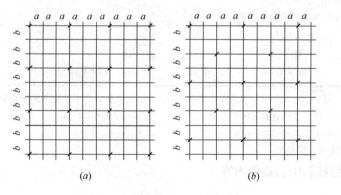

(a) (b)

图 4-3 拉结筋设置示意图

(a) 拉结筋@$3a3b$ 矩形（$a \leqslant 200$、$b \leqslant 200$）；(b) 拉线筋@$4a4b$ 梅花形（$a \leqslant 150$、$b \leqslant 150$）

注：图中 a 为竖向分布钢筋间距，b 为水平分布钢筋间距

4.1.4　在剪力墙梁表中表达的内容

（1）注写墙梁编号。

（2）注写墙梁所在楼层号。

（3）注写墙梁顶面标高高差，系指相对于墙梁所在结构层楼面标高的高差值。高于者为正值，低于者为负值，当无高差时不注。

（4）注写墙梁截面尺寸 $b \times h$，上部纵筋、下部纵筋和箍筋的具体数值。

（5）当连梁设有对角暗撑时［代号为 LL（JC）$\times\times$］，注写暗撑的截面尺寸（箍筋外皮尺寸）；注写一根暗撑的全部纵筋，并标注 $\times 2$ 表明有两根暗撑相互交叉；注写暗撑箍筋的具体数值。

（6）当连梁设有交叉斜筋时［代号为 LL（JX）$\times\times$］，注写连梁一侧对角斜筋的配筋值，并标注 $\times 2$ 表明对称设置；注写对角斜筋在连梁端部设置的拉筋根数、强度级别及直径，并标注 $\times 4$ 表示四个角都设置；注写连梁一侧折线配筋筋值，并标注 $\times 2$ 表明对称设置。

（7）当连梁设有集中对角斜筋时［代号为 LL（DX）$\times\times$］，注写一条对角线上的对角斜筋，并标注 $\times 2$ 表明对称设置。

（8）跨高比不下于 5 的连梁，按框架梁设计时（代号为 LLK$\times\times$），采用平面注写方式，注写规则同框架梁，可采用适当比例单独绘制，也可与剪力墙平法施工图合并绘制。

墙梁侧面纵筋的配置，当墙身水平分布钢筋满足连梁、暗梁及边框梁的梁侧面纵向构造钢筋的要求时，该筋配置同墙身水平分布钢筋，表中不注，施工按标准构造详图的要求即可。当墙身水平分布钢筋不满足连梁、暗梁及边框梁的梁侧面纵向构造钢筋的要求时，应在表中补充注明梁侧面纵筋的具体数值；当为 LLk 时，平面注写方式以大写字母"N"打头。梁侧面纵向钢筋在支座内锚固要求同连梁中受力钢筋。

4.1.5　截面注写方式

（1）截面注写方式，系在分标准层绘制的剪力墙平面布置图上，以直接在墙柱、墙身、墙梁上注写截面尺寸和配筋具体数值的方式来表达剪力墙平法施工图。

（2）选用适当比例原位放大绘制剪力墙平面布置图，其中对墙柱绘制配筋截面图；对所有墙柱、墙身、墙梁分别进行编号，并分别在相同编号的墙柱、墙身、墙梁中选择一根墙柱、一道墙身、一根墙梁进行注写，其注写方式按以下规定进行。

1）从相同编号的墙柱中选择一个截面，注明几何尺寸，标注全部纵筋及箍筋的具体数值。

约束边缘构件（图 4-1）除需注明阴影部分具体尺寸外，尚应注明约束边缘构件沿墙肢长度 l_c，约束边缘翼墙中沿墙肢长度尺寸为 $2b_f$ 时可不注。

2）从相同编号的墙身中选择一道墙身，按顺序引注的内容为：墙身编号（应包括注写在括号内墙身所配置的水平与竖向分布钢筋的排数）、墙厚尺寸，水平分布钢筋、竖向分布钢筋和拉筋的具体数值。

3）从相同编号的墙梁中选择一根墙梁，按顺序引注的内容为：

① 注写墙梁编号、墙梁截面尺寸 $b \times h$、墙梁箍筋、上部纵筋、下部纵筋和墙梁顶面

标高高差的具体数值。

② 当连梁设有对角暗撑时［代号为 LL（JC）××］。

③ 当连梁设有交叉斜筋时［代号为 LL（JX）××］。

④ 当连梁设有集中对角斜筋时［代号为 LL（DX）××］。

⑤ 跨高比小于 5 的连梁，按框架梁设计时（代号为 LLK××）。

当墙身水平分布钢筋不满足连梁、暗梁及边框梁的梁侧面纵向构造钢筋的要求时，应补充注明梁侧面纵筋的具体数值；注写时，以大写字母"N"打头，接续注明直径与间距。其在支座内锚固要求同连梁中受力钢筋。

4.1.6 剪力墙洞口的表示方法

无论采用列表注写方式还是截面注写方式，剪力墙上的洞口均可在剪力墙平面布置图上原位表达。

洞口的具体表示方法：

(1) 在剪力墙平面布置图上绘制洞口示意，并标注洞口中心的平面定位尺寸。

(2) 在洞口中心位置引注：①洞口编号，②洞口几何尺寸，③洞口中心相对标高，④洞口每边补强钢筋，共四项内容。具体规定如下。

1) 洞口编号：矩形洞口为 JD××（××为序号），圆形洞口为 YD××（××为序号）。

2) 洞口几何尺寸：矩形洞口为洞宽×洞高，圆形洞口为洞口直径 D。

3) 洞口中心相对标高，系相对于结构层楼（地）面标高的洞口中心高度。当其高于结构层楼面时为正值，低于结构层楼面时为负值。

4) 洞口每边补强钢筋，分以下几种不同情况。

① 当矩形洞口的洞宽、洞高均不大于 800mm 时，此项注写为洞口每边补强钢筋的具体数值。当洞宽、洞高方向补强钢筋不一致时，分别注写洞宽方向、洞高方向补强钢筋，以"/"分割。

② 当矩形或圆形洞口的洞宽或直径大于 800mm 时，在洞口的上、下需设置补强暗梁，此项注写为洞口上、下每边暗梁的纵筋与箍筋的具体数值，圆形洞口时尚需注明环向加强钢筋的具体数值（在标准构造详图中，补强暗梁梁高一律定为 400mm，施工时按标准构造详图取值，设计不注。当设计者采用与该构造详图不同的做法时，应另行注明）；当洞口上、下边为剪力墙连梁时，此项免注；洞口竖向两侧设置边缘构件时，亦不在此项表达（当洞口两侧不设置边缘构件时，设计者应给出具体做法）。

③ 当圆形洞口设置在连梁中部 1/3 范围（且圆洞直径不应大于 1/3 梁高）时，需注写在圆洞上下水平设置的每边补强纵筋与箍筋。

④ 当圆形洞口设置在墙身或暗梁、边框梁位置，且洞口直径不大于 300mm 时，此项注写为洞口上下左右每边布置的补强纵筋的具体数值。

⑤ 当圆形洞口直径大于 300mm，但不大于 800mm 时，此项注写为洞口上下左右每边布置的补强纵筋的具体数值，以及环向加强钢筋的具体数值。

4.1.7　地下室外墙的表示方法

（1）本节地下室外墙仅适用于其挡土作用的地下室外围护墙。地下室外墙中墙柱、连梁及洞口等的表示方法同地上剪力墙。

（2）地下室外墙编号，有墙身代号、序号组成。表达为 DWQ××。

（3）地下室外墙平面注写方式，包括集中标注墙体编号、厚度、贯通筋、拉筋和原位标注附加非贯通筋等两部分内容。当仅设置贯通筋，未设置附加贯通筋时，则仅做集中标注。

（4）地下室外墙的集中标注，规定如下：

1）注写地下室外墙编号，包括代号、序号、墙身长度（注为××～××轴）。

2）注写地下室外墙厚度 b_w＝×××。

3）注写地下室外墙的外侧、内侧贯通筋和拉筋。

① 以 OS 代表外墙外侧贯通筋。其中，外侧水平贯通筋以 H 打头注写，外侧竖向贯通筋以 V 打头注写。

② 以 IS 代表外墙内侧贯通筋。其中，内侧水平贯通筋以 H 打头注写，内侧竖向贯通筋以 V 打头注写。

③ 以 tb 打头注写拉结筋直径、强度等级及间距，并注明"矩形"或"梅花"。

（5）地下室外墙的原位标注，主要表示在外墙外侧配置的水平非贯通筋或竖向非贯通筋。

当配置水平非贯通筋时，在地下室墙体平面图上原位标注。在地下室外墙外侧绘制粗实线段代表水平非贯通筋，在其上注写钢筋编号，并以 H 打头注写钢筋强度等级、直径、分布间距，以及自支座中心线向两边跨内的伸出长度值。当自支座中心线向两侧对称伸出时，可仅在单侧标注跨内伸出长度，另一侧不注，此种情况下非贯通筋总长度为标注长度的 2 倍。边支座处非贯通钢筋的伸出长度值从支座外边缘算起。

地下室外墙外侧非贯通筋通常采用"隔一布一"方式与集中标注的贯通筋间隔布置，其标注间距应与贯通筋相同，两者组合后的实际分布间距为各自标注间距的 1/2。

当在地下室外墙外侧底部、顶部、中层楼板位置配置竖向非贯通筋时，应补充绘制地下室外墙竖向剖面图外侧绘制粗实线段代表竖向非贯通筋，在其上注写钢筋编号并以 V 打头注写钢筋强度等级、直径、分布间距，以及向上（下）层的伸出长度值，并以外墙竖向剖面图名下注明分布范围（××～××轴）。

竖向非贯通筋向层内的伸出长度值注写方式：

1）地下室外墙底部非贯通钢筋向层内的伸出长度值从基础底板顶面算起；

2）地下室外墙顶部非贯通钢筋向层内的伸出长度值从顶板底面算起；

3）中层楼板处非贯通钢筋向层内的伸出长度值从板中间算起，当上下两侧伸出长度值相同时可仅注写一侧。

地下室外墙外侧水平、竖向非贯通筋配置相同者，可仅选择一处注写，其他可仅注写编号。

当地下室外墙顶部设置水平通长加强钢筋时应注明。

设计时应注意：

1）设计者应根据具体情况判定扶壁柱或内墙是否作为墙身水平方向的支座，以选择合理的配筋方式。

2）"顶板作为外墙的简支支承""顶板作为外墙的弹性嵌固支承（墙外侧竖向钢筋与板上部纵向受力钢筋搭接连接）"两种做法，设计者应在施工图中指定选择何种做法。

4.2 剪力墙钢筋翻样

剪力墙主要有墙身、墙柱、墙梁、洞口四大部分构成，其中墙身钢筋包括水平分布筋、垂直分布筋、拉筋和洞口加强筋；墙柱包括暗柱和端柱两种类型，其钢筋主要有纵筋和箍筋；墙梁包括暗梁和连梁两种类型，其钢筋主要有纵筋和箍筋，如图4-4所示。

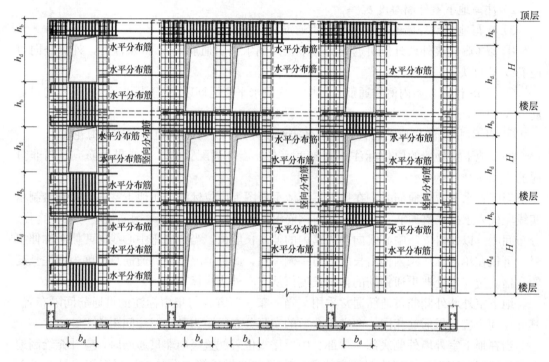

图4-4　剪力墙边缘构件、连梁、墙身钢筋排布示意图

4.2.1 剪力墙墙身

1. 剪力墙水平分布钢筋构造

剪力墙水平筋的保护层＝暗柱角部纵筋的直径＋暗柱箍筋的直径＋墙柱纵筋保护层厚度［按墙身的保护层（15mm）＋max(墙身水平分布筋直径、暗柱箍筋直径)］

（1）端部无暗柱时剪力墙水平分布钢筋端部做法，如图4-5所示。

每道水平分布钢筋均设双列拉筋

图4-5　端部无暗柱时剪力墙水平分布钢筋端部做法示意图

剪力墙水平筋长度＝剪力墙墙长－保护层厚度×2＋10d×2

（2）端部有暗柱时剪力墙水平分布钢筋端部做法，如图 4-6 所示。

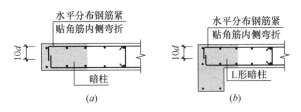

图 4-6　端部有暗柱时剪力墙水平分布钢筋端部做法示意图

(a) 矩形暗柱；(b) L 形暗柱

（3）转角墙剪力墙水平分布钢筋端部做法，如图 4-7 所示，分为三种做法。

1）外侧水平分布钢筋连续通过转弯在同侧墙体搭接，如图 4-7（a）所示；

2）外侧水平分布钢筋连续通过转弯在异侧墙体搭接，如图 4-7（b）所示；

3）外侧水平分布钢筋在转角处搭接（即为 100% 搭接，长度为 $1.6l_{aE}$，故得出 $0.8l_{aE}×2$），如图 4-7（c）所示。

注意：当剪力墙转角墙一肢较短，暗柱外较短肢长度≤$2.4l_{aE}$＋500mm 时，应采用外侧水平分布钢筋连续通过转弯在同侧墙体搭接的转角墙（一）的构造。

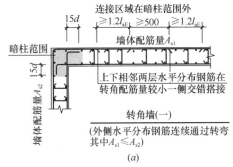

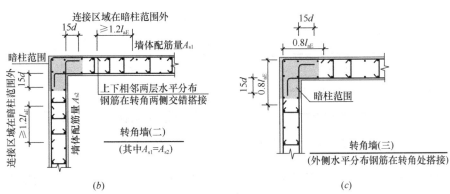

图 4-7　转角墙水平分布钢筋端部做法示意图

（4）端部有翼墙时剪力墙水平分布钢筋端部做法，如图 4-8 所示。

设斜交翼墙的锐角为 α 角，则伸入斜墙的长度＝（斜墙厚度－保护层厚度）$/\sin\alpha$，弯折角＝$180°-\alpha$，弯折后的长度为 $15d$。

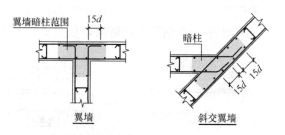

图 4-8 剪力墙翼墙水平分布钢筋端部做法示意图

（5）端部为端柱时，如图 4-9 所示。

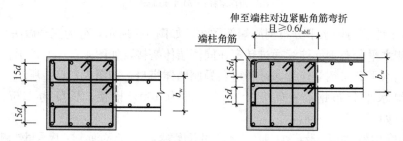

图 4-9 剪力墙端柱水平分布钢筋端部做法示意图

位于端柱纵向钢筋内侧的墙水平分布钢筋（端柱节点中图示黑色墙体水平分布钢筋）伸入端柱的长度 $\geqslant l_{aE}$ 时，可直锚。位于端柱纵向钢筋外侧的墙水平分布钢筋（端柱节点中图示红色墙体水平分布钢筋）应伸至端柱对边紧贴角筋弯折 15d。

（6）剪力墙水平分布钢筋交错搭接，如图 4-10 所示。

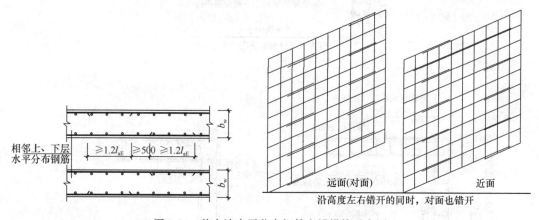

图 4-10 剪力墙水平分布钢筋交错搭接示意图

剪力墙水平分布钢筋交错搭接时，相邻上、下层剪力墙水平分布钢筋交错搭接，搭接长度 $\geqslant 1.2l_{aE}$ 且 $\geqslant 200mm$，搭接范围交错 $\geqslant 500mm$，需注意相邻的内外侧钢筋也需要交错错开搭接。

（7）剪力墙水平分布筋计算。

1）墙两端为暗柱时，暗柱不相连墙体，如图 4-11 所示。

$$剪力墙水平筋长度＝剪力墙墙长－保护层厚度×2＋10d×2$$

图 4-11 墙两端为暗柱时示意图

(a) 一端为 L 形暗柱，一端为矩形暗柱；(b) 两端为矩形暗柱

2）墙两端为暗柱或翼墙时，如图 4-12 所示。

剪力墙水平筋长度＝剪力墙墙长－保护层厚度×2＋10d＋15d。

3）墙两端为暗柱时，暗柱有一侧相连墙体，如图 4-13 所示。

图 4-12 墙两端为暗柱或翼墙示意图   图 4-13 墙两端为暗柱一侧有相连墙体示意图

剪力墙内侧水平筋长度＝剪力墙墙长－保护层厚度×2＋10d＋15d

剪力墙外侧水平筋长度＝剪力墙墙长－保护层厚度×2＋10d＋0.8l_{aE}

4）墙两端为暗柱时，暗柱两侧都相连墙体，如图 4-14 所示。

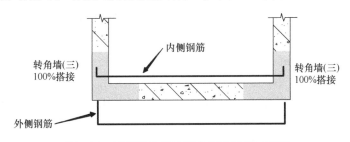

图 4-14 墙两端为暗柱都有相连墙体示意图

剪力墙内侧水平筋长度＝剪力墙墙长－保护层厚度×2＋15d×2

剪力墙外侧水平筋长度＝剪力墙墙长－保护层厚度×2＋0.8l_{aE}×2

注意：当剪力墙水平分布钢筋计入约束（构造）边缘构件体积配筋率的构造做法时，在墙的端部竖向钢筋外侧 90°水平弯折，然后伸到对边并在端部做 135°弯钩勾住竖向钢筋。弯折后平直段长度为 10d（d 为水平分布钢筋直径），如图 4-15 所示

（8）剪力墙水平筋根数，如图所示（竖向钢筋部分）

1）（无锚固区横向钢筋）基础内高度范围内设置不大于 500mm 且不少于两道水平分布钢筋与拉结筋，即

基础内水平筋根数＝max[（基础高度－基础保护层－基础底板钢筋网片－100)/500＋1,

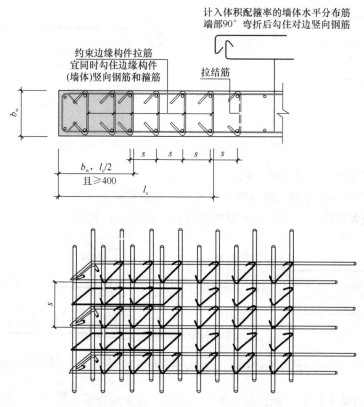

图 4-15　剪力墙边缘构件钢筋示意图

2〕×剪力墙排数

2）（有锚固区横向钢筋）基础内高度范围内，间距≤10d（d 为纵筋最小间距）且≤100mm 的要求，即

基础内水平筋根数＝max〔（基础高度－基础保护层－基础底板钢筋网片－100)/间距〕×剪力墙排数

3）剪力墙层高范围最下排水平分布筋距底部板顶 50mm，最上排水平分布筋距顶板以下 50mm，即

$$水平筋根数＝〔（层高－50×2)/水平筋间距＋1〕×剪力墙排数$$

2. 剪力墙竖向分布钢筋构造

（1）剪力墙竖向分布钢筋构造。

在计算竖向筋时，应考虑需要增加止水带的高度，防止出现钢筋连接区位置长度不符合的情况。

在《混凝土结构施工图平面整体表示方法制图规则和构造详图》16G101-1 中没有对剪力墙第一道竖向分布筋进行标注，《混凝土结构施工钢筋排布规则与构造详解》18G901-1 对剪力墙第一道竖向分布筋标注为 s（一个标准间距），但注意：剪力墙第一道竖向分布钢筋间距包括暗柱角部纵筋的直径/2＋暗柱箍筋的直径＋墙柱纵筋保护层厚度〔按墙身的保护层(15mm)＋max（墙身水平分布筋直径、暗柱箍筋直径）〕，即 s＝暗柱角部纵筋的直径/2－暗柱箍筋的直径－墙柱纵筋保护层厚度〔按墙身的保护层

（15mm）＋max（墙身水平分布筋直径、暗柱箍筋直径），为方便计算简化，以下公式暂不考虑此部分，如图 4-16 所示。

剪力墙竖向分布筋根数＝剪力墙排数×［（剪力墙净长－2×竖向分布筋间距）/竖向分布筋间距＋1］

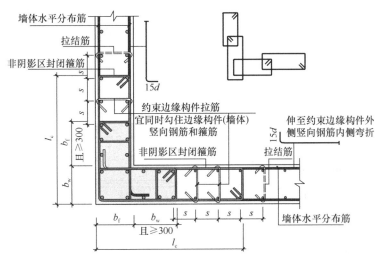

图 4-16　剪力墙起步钢筋示意图

（2）基础插筋长度构造，剪力墙钢筋一般直径比较小，本书只考虑搭接连接，钢筋按照螺纹钢筋考虑，如图 4-17 所示。

1）当基础高度满足直锚要求时（$h_j > l_{aE}$）时，可在同一部位搭接，按照基础短向插筋长度计算。

① 当墙竖向钢筋保护层厚度大于 $5d$ 时，墙竖向钢筋伸入基础直段长度不小于 l_{aE}，可按"隔二下一"的原则伸至基础底部，支承在底部钢筋网片上，也可支承在筏板基础的中间层钢筋网片上（支承在筏板基础的中间层钢筋网片上时，施工应采取有效措施保证钢筋定位）。此时支承在底板或中间层钢筋网片的插筋下端宜做 $6d$ 且不小于 $150mm$ 直钩置于基础底部，如图 4-17（a）剖面 1-1 所示。当施工采取有效措施保证钢筋定位时，墙身竖向钢筋伸入基础长度满足锚固即可。

② 当墙某侧竖向钢筋保护层厚度小于或等于 $5d$ 时，该侧竖向钢筋需全部伸至基础底部，并支承在底部钢筋网片上，不得"隔二下一"布置钢筋。

基础短向插筋长度＝max($6d$，150)＋基础高度－保护层厚度－底部钢筋网片的钢筋直径＋$1.2l_{aE}$

基础长向插筋长度＝max($6d$，150)＋基础高度－保护层厚度－底部钢筋网片的钢筋直径＋$2.4l_{aE}$＋500

2）当基础高度不满足直锚要求时（$h_j \leqslant l_{aE}$）时，当可在同一部位搭接时，按照基础短向插筋长度计算。

混凝土墙竖向钢筋伸入基础直段投影长度不小于 $0.6l_{abE}$ 且不小于 $20d$，竖向钢筋下端弯折 $15d$ 支承在基础底部钢筋网片上，如图 4-17（a）剖面 1a-1a 所示。

基础短向插筋长度＝$15d$＋基础高度－保护层厚度－底部钢筋网片的钢筋直径＋

$1.2l_{aE}$

基础长向插筋长度＝$15d$＋基础高度－保护层厚度－底部钢筋网片的钢筋直径＋$2.4l_{aE}$＋500

3）搭接连接，如图4-17（c）所示。

对于挡土作用的地下室外墙，当考虑墙底部与基础交接处的内力平衡时，宜将外墙外侧钢筋与筏形基础底板下部钢筋在转角位置进行搭接。此做法应在施工图设计文件中注明。

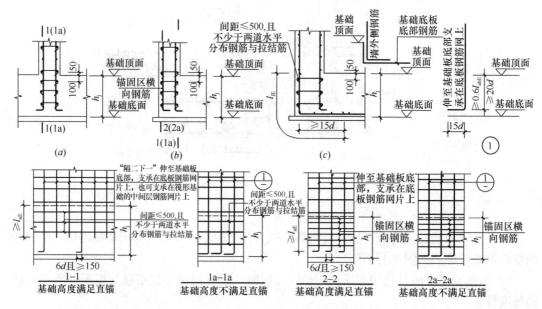

图 4-17　墙身竖向分布钢筋在基础中构造示意图

（a）保护层厚度＞$5d$；（b）保护层厚度≤$5d$；（c）搭接连接

（3）中间层竖向钢筋构造，如图4-18所示。

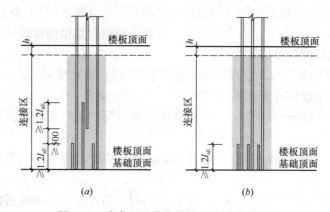

图 4-18　墙身竖向分布钢筋连接构造示意图

（a）一、二级抗震等级剪力墙底部加强部位竖向分布钢筋搭接构造；

（b）一、二级抗震等级剪力墙非底部加强部位或三、四级抗震等级剪
力墙竖向分布钢筋搭接构造，可在同一部位搭接

当出现上、下层钢筋直径不同时，应扣除下部钢筋搭接区长度，增加上部钢筋搭接区长度，即

中间层竖向钢筋长度＝层高＋$1.2l_{aE}$（上部钢筋搭接区长度）－$1.2l_{aE}$（下部钢筋搭接区长度）

中间层竖向钢筋长度＝层高＋$1.2l_{aE}$（上、下层钢筋直径相同时）

（4）顶层竖向钢筋构造，如图 4-19 所示。

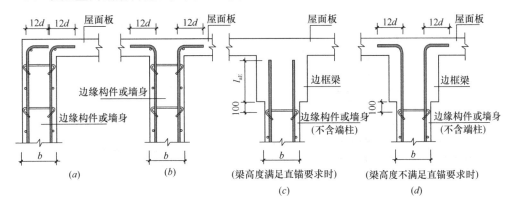

图 4-19　墙身竖向分布钢筋顶部构造示意图

顶层竖向钢筋长度＝顶层层高－保护层厚度＋$12d$

（5）剪力墙变截面处竖向钢筋构造，如图 4-20、图 4-21 所示。

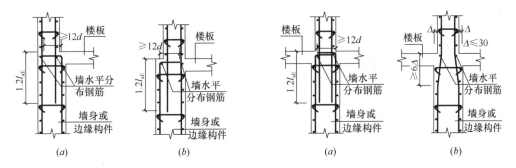

图 4-20　墙身一边变截面处竖向钢筋构造示意图　　图 4-21　墙身两边变截面处竖向钢筋构造示意图

中间层竖向通长钢筋长度＝层高＋$1.2l_{aE}$

中间层竖向截断钢筋长度＝层高－保护层厚度＋$12d$

中间层插筋长度＝$1.2l_{aE}$（下插长度）＋$1.2l_{aE}$（露出长度）

△ 值是指上层剪力墙的宽度与本层剪力墙的宽度同一侧的差值。

当变截面差值 △≤30mm 时，竖向钢筋连续通过，注意起折点。

当变截面差值 △＞30mm 时，竖向钢筋应断开。下部钢筋伸至板顶向内弯折 $12d$，上部钢筋伸入下部墙内 $1.2l_{aE}$。

3. 剪力墙拉结筋构造

剪力墙拉结筋特指用于剪力墙分布钢筋（约束边缘构件沿墙肢长度 l_c 范围以外，构造边缘构件范围以外）的拉结，宜同时勾住外侧水平及竖向分布钢筋。

拉结筋排布：竖向方向上层高范围由底部板顶向上第二排水平分布筋处开始设置，至顶部板底向下第一排水平分布筋处终止；水平方向上由距边缘构件第一排墙身竖向分布筋处开始设置。位于边缘构件范围的水平分布筋也应设置拉结筋，此范围拉结筋间距不大于墙身拉结筋间距，如图4-22所示。

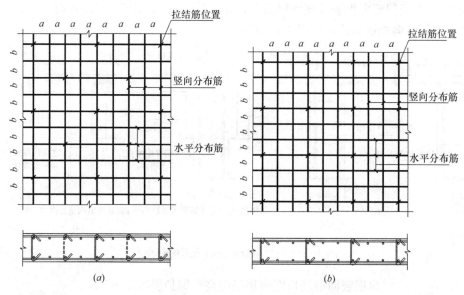

图 4-22　剪力墙拉结筋排布构造示意图
（a）梅花形布置；（b）矩形布置

当拉筋间距 a 或 b 跨越奇数个标准间距时，拉筋就只能矩形布置，不能梅花形布置，因为此时梅花形中点是空挡。

当拉筋间距 a 或 b 跨越偶数个标准间距时，拉筋可以梅花形布置，此时梅花中点是竖向钢筋与水平钢筋的交汇点。

拉结筋用作剪力墙分布钢筋（约束边缘构件沿墙肢长度 l_c 范围以外，构造边缘构件范围以外）间拉结时，可采用一端135°另一端135°弯钩，也可采用一端135°另一端90°弯钩，当采用采用一端135°另一端90°弯钩时，拉结筋需交错布置，弯折后平直段长度不应小于箍筋直径的5倍。

基础层拉结筋根数＝基础水平筋排数×[（剪力墙净长－2×竖向分布筋间距）/拉结筋间距＋1]

中间层/顶层拉结筋，分为矩形布置和梅花布置。

矩形布置拉结筋根数＝剪力墙净面积/（间距×间距）

梅花形布置拉结筋根数＝剪力墙净面积/（间距×间距）×2

4.2.2　剪力墙柱

剪力墙的特点是平面内的刚度和承载力较大，而平面外的刚度和承载力相对较小，当剪力墙与平面外方向的梁刚接时，会产生墙肢平面外的弯矩。通常当剪力墙或核心筒墙肢与其平面外相交的楼（屋）面梁刚性连接时，会在梁下的墙内设置扶壁柱或暗柱承受此处的面外弯矩，宜保证剪力墙的平面外安全。当两个方向剪力墙正交时即十字交叉剪力墙，在重叠部位构造要求也会设置暗柱。

剪力墙边缘构件包括约束边缘构件（约束边缘暗柱、约束边缘端柱、约束边缘翼墙、约束边缘转角墙）、构造边缘构件（构造边缘暗柱、构造边缘端柱、构造边缘翼墙、构造边缘转角墙）、非边缘暗柱、扶壁柱。

1. 在基础中墙柱插筋的长度

（1）当基础高度满足直锚时，如图4-23（a）所示。

当基础截面尺寸满足直锚条件且纵向钢筋保护层厚度大于5d的情况，可仅将边缘构件（不含端柱）四角纵筋伸至底板钢筋网片上或者筏形基础中间层钢筋网片上，其余纵筋锚固在基础顶面下 l_{aE} 即可，如图4-23a）所示。角部纵筋（不包含端柱）是指边缘构件角部纵筋，如图4-24所示。同时伸至钢筋网上的边缘构件角部纵筋（不包含端柱）间距不宜大于500mm，不满足时应将边缘构件其他纵筋伸至钢筋网上。当剪力墙边缘构件（包括端柱）部分纵筋保护层小于等于5d时，纵筋应全部伸至基础底部，纵筋下端弯折支承在底板钢筋网片上。

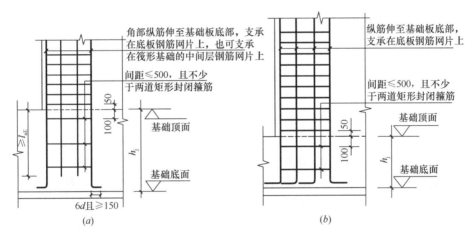

图4-23　边缘构件纵筋在基础中构造示意图

（a）保护层厚度＞5d；基础高度满足直锚；（b）基础高度不满足直锚

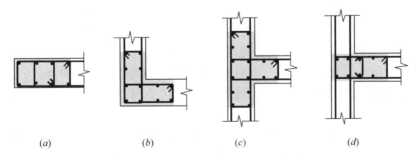

图4-24　边缘构件阴影区角部纵筋示意图

（a）暗柱；（b）转角墙；（c）翼墙；（d）翼墙

1）纵筋应全部伸至基础底部时

基础短向插筋长度＝max(6d，150)＋基础高度－保护层厚度－底部钢筋网片的钢筋

直径+500[当考虑焊接连接时，应考虑纵筋的烧熔量损耗，下同]

基础长向插筋长度=max(6d，150)+基础高度-保护层厚度-底部钢筋网片的钢筋直径+500+max(35d，500)

机械连接之所以未考虑500mm的界限，是因为边缘构件纵向受力钢筋一般比较大，当直径大于16mm时(500÷35≈14.28)都可以满足大于500mm的要求。

2) 纵筋锚固在基础顶面下锚固时

$$基础短向插筋长度=l_{aE}+500$$

$$基础长向插筋长度=l_{aE}+500+max（35d，500）$$

（2）当基础高度不满足直锚时，如图4-23（b）所示。

当基础高度不满足直锚要求时，剪力墙边缘构件纵筋伸入基础直段投影长度不小于$0.6l_{abE}$且不小于$20d$，纵筋下端90°弯折15d支承在基础底部，如图4-25所示。

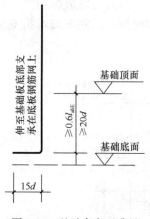

图4-25 基础高度不满足直锚时纵筋构造示意图

基础短向插筋长度=15d+基础高度-保护层厚度-底部钢筋网片的钢筋直径+500

基础长向插筋长度=15d+基础高度-保护层厚度-底部钢筋网片的钢筋直径+500+max（35d，500）

（3）基础内箍筋

1）（无锚固区横向钢筋）基础内高度范围内设置不大于500mm且不少于两道矩形封闭箍筋，即

基础内箍筋根数=max[（基础高度-基础保护层-基础底板钢筋网片-100)/500+1，2]

2）（有锚固区横向钢筋）基础内高度范围内，间距≤10d（d为纵筋最小间距）且≤100mm的要求，即

基础内箍筋根数=max[（基础高度-基础保护层-底部基础底板钢筋网片-100)/min(10d，100)]

2. 中间层墙柱竖向钢筋构造

（1）当墙柱采用绑扎连接接头时，如图4-26（a）所示。

$$纵筋长度=中间层层高+l_{lE}$$

$$搭接区箍筋根数=(l_{lE}+0.3l_{lE}+l_{lE})/100+1$$

$$非搭接区箍筋根数=(层高-2.3l_{lE})/箍筋间距$$

中间层箍筋根数= 搭接区箍筋根数+非搭接区箍筋根数

中间层拉结筋根数=中间层箍筋根数×拉结筋水平筋排数

（2）当墙柱采用绑机械连接接头或焊接连接接头时，如图4-26（b）和4-26（c）所示。

纵筋长度=中间层层高[当考虑焊接连接时，应考虑纵筋的烧熔量损耗]

中间层箍筋根数=（层高-50×2）/箍筋间距+1

中间层拉结筋根数=中间层箍筋根数×拉结筋水平筋排数

3. 顶层墙柱竖向钢筋构造

（1）当墙柱采用绑扎连接接头时，如图4-27（a）所示

顶层竖向长向钢筋长度=顶层层高-保护层厚度+12d

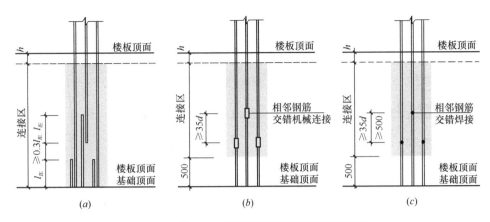

图 4-26　剪力墙边缘构件纵筋连接构造示意图

(a) 绑扎搭接；(b) 机械连接；(c) 焊接

$$顶层竖向短向钢筋长度＝顶层层高－保护层厚度＋12d－1.3l_{lE}$$
$$搭接区箍筋根数＝(l_{lE}＋0.3l_{lE}＋l_{lE})/100＋1$$
$$非搭接区箍筋根数＝(层高－2.3l_{lE})/箍筋间距$$
$$中间层箍筋根数＝搭接区箍筋根数＋非搭接区箍筋根数$$

（2）当墙柱采用绑机械连接接头或焊接连接接头时，如图 4-27 (b) 和 4-27 (c) 所示

顶层竖向长向纵筋长度＝顶层层高－500[当考虑焊接连接时，应考虑纵筋的烧熔量损耗，下同]

$$顶层竖向短长向纵筋长度＝顶层层高－500－\max(35d，500)$$
$$中间层箍筋根数＝(层高－50×2)/箍筋间距＋1$$
$$中间层拉结筋根数＝中间层箍筋根数×拉结筋水平筋排数$$

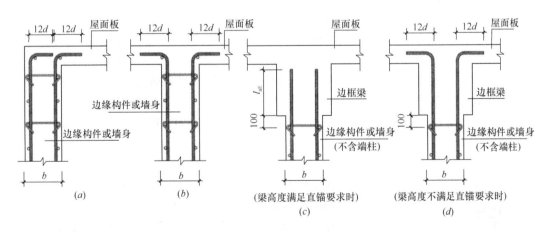

图 4-27　墙身竖向分布钢筋顶部构造示意图

4. 墙柱变截面处竖向钢筋构造

墙柱弯截面处竖向钢筋构造（考虑机械连接）如图 4-28、图 4-29 所示。

$$中间层竖向通长钢筋长度＝层高＋1.2l_{aE}$$
$$中间层竖向截断钢筋长度＝层高－保护层厚度＋12d$$

中间层插筋长度＝$1.2l_{aE}$(下插长度)＋$1.2l_{aE}$(露出长度)

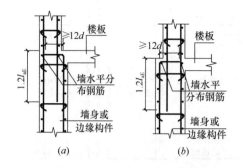

图 4-28　墙身一边变截面处竖向钢筋
构造示意图

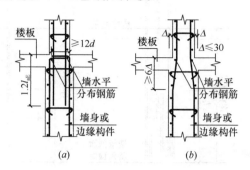

图 4-29　墙身两边变截面处竖向钢筋
构造示意图

Δ 值是指上层剪力墙的宽度与本层剪力墙的宽度同一侧的差值。

当变截面差值 $\Delta \leq 30mm$ 时，竖向钢筋连续通过，注意起折点。

当变截面差值 $\Delta > 30mm$ 时，竖向钢筋应断开。下部钢筋伸至板顶向内弯折 $12d$，上部钢筋伸入下部墙内 $1.2l_{aE}$。

5. 端柱的钢筋构造

墙柱竖向钢筋和箍筋的构造与框架柱相同。矩形截面独立墙肢，当截面高度不大于截面厚度的 4 倍(截面高度/截面厚度≤4mm 时，判断为柱)时，其竖向钢筋和箍筋的构造要求与框架柱相同或按设计要求设置。

4.2.3　剪力墙梁

剪力墙墙梁分为：连梁、暗梁和边框梁。通常情况下剪力墙中的水平分布钢筋位于外侧，而竖向分布钢筋位于水平分布钢筋的内侧。剪力墙中设置连梁或暗梁时，暗梁的箍筋不是位于墙中水平分布钢筋的外侧，而是与墙中的竖向分布钢筋在同一层面上。其钢筋的保护层厚度与墙相同，只需要满足墙中分布钢筋的保护层厚度；边框梁的宽度大于剪力墙的厚度，剪力墙中的竖向分布钢筋应从边框梁内穿过，边框梁和剪力墙分别满足各自钢筋的保护层厚度要求。

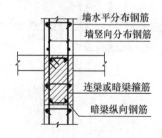

图 4-30　暗梁或连梁钢筋
构造示意图

连梁或暗梁及墙体钢筋的摆放层次(从外至内)，如图 4-30 所示。

(1)剪力墙中的水平分布钢筋在最外侧(第一层)，在连梁或暗梁高度范围内也应布置剪力墙的水平分布钢筋。

(2)剪力墙中的竖向分布钢筋及连梁、暗梁中的箍筋，应在水平分布钢筋的额内侧(第二层)，在水平方向错开放置，不应重叠放置。

(3)连梁或暗梁中的纵向钢筋位于剪力墙中竖向分布钢筋和暗梁箍筋的内侧(第三层)。

即连梁或暗梁的箍筋保护层＝按墙身的保护层(15mm)＋墙身水平分布筋直径＋墙身竖向分布筋直径－连梁或暗梁的箍筋直径

墙梁侧面纵筋的配置，当墙身水平分布钢筋满足连梁、暗梁及边框梁的梁侧面纵向构造钢筋的要求时，该筋配置同墙身水平分布钢筋，墙梁表中不注，施工按标准构造详图的要求即可。当墙身水平分布钢筋不满足连梁、暗梁及边框梁的梁侧面纵向构造钢筋的要求时，应在表中补充注明梁侧面纵筋的具体数值；当为 LL_k 时，平面注写方式以大写字母"N"打头。梁侧面纵向钢筋在支座内锚固要求同连梁中受力钢筋。

连梁、暗梁及边框梁拉筋直径：当梁宽≤350mm 时为 6mm，宽度＞350mm 时为 8mm，拉筋间距为 2 倍箍筋间距，竖向沿侧面水平筋"隔一拉一"。

连梁、暗梁及边框梁拉筋根数＝连梁、暗梁及边框梁箍筋根数/2×连梁、暗梁及边框梁侧面纵筋排数/2

注意：当出现叠合错洞时，需要按照施工图设计文件要求考虑，或者按照相关规范考虑。如图 4-31 所示。

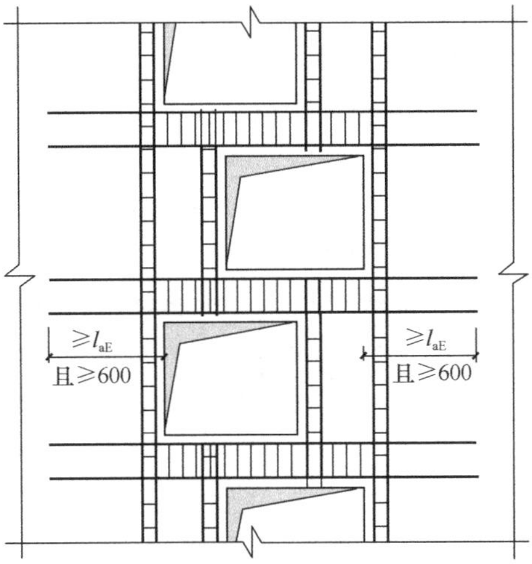

1. 连梁钢筋构造

连梁钢筋构造，如图 4-32 所示。

(1) 中间层连梁钢筋构造：

连梁箍筋根数＝(洞口宽－2×50)/箍筋间距＋1

图 4-31　叠合错洞构造示意图

1) 当连梁纵筋伸入墙内≥l_{aE}且≥600mm 时：

连梁纵向钢筋长度＝洞口宽＋2×max（l_{aE}，600）

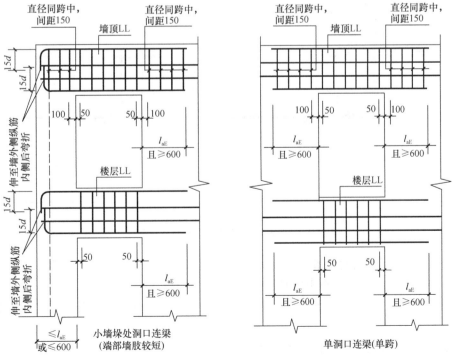

图 4-32　连梁（单跨）构造示意图

2）当一端连梁纵筋伸入墙内＜l_{aE}且＜600mm 时：

连梁纵向钢筋长度＝洞口宽＋支座宽度－保护层厚度＋15d＋max（l_{aE}，600）

（2）顶层连梁钢筋构造

顶层连梁纵向钢筋长度同中间层连梁纵向钢筋长度相同。

洞口处连梁箍筋根数＝（洞口宽－2×50）/箍筋间距＋1

墙顶支座处箍筋根数＝（伸入墙内平直段长度－100）/100＋1

2. 框架连梁钢筋构造

框架连梁钢筋构造，如图 4-33 所示。

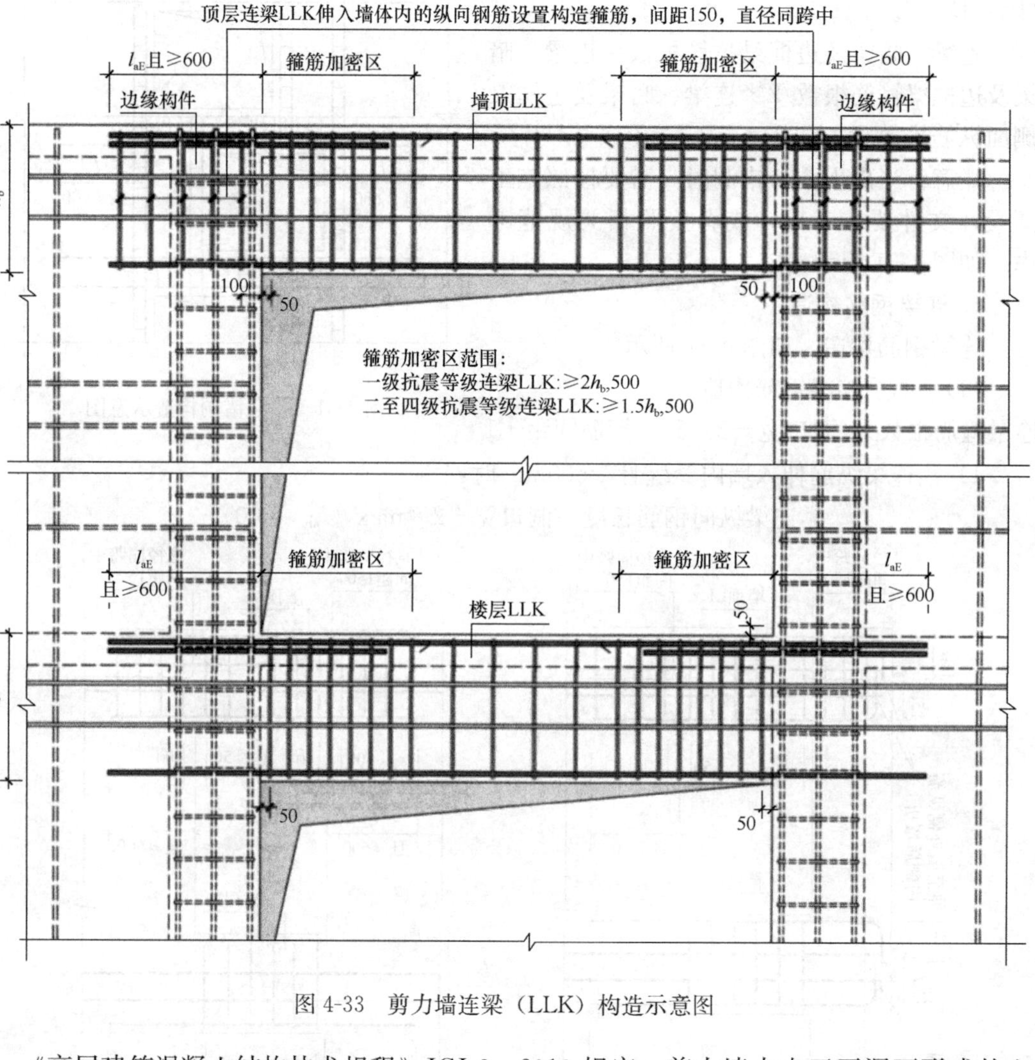

图 4-33　剪力墙连梁（LLK）构造示意图

《高层建筑混凝土结构技术规程》JGJ 3—2010 规定，剪力墙中由于开洞而形成的上部连梁，当连梁的跨高比不小于 5 时，宜按框架梁进行设计。

按照 16G101 平法制图规则，在剪力墙上由于开洞而形成的梁，当跨高比不小于 5 时连梁代号是 LLK。

框架连梁纵向钢筋长度同连梁纵向钢筋长度。

箍筋根数同框架梁根数，箍筋长度同连梁、暗梁及边框梁箍筋长度。

（1）纵向受力钢筋在墙内直线锚固，从洞口边算起伸入墙内长度不小于 l_{aE} 且不小于 600mm。

（2）顶层连梁纵向钢筋伸入墙肢范围内应设置箍筋，直径同跨中箍筋，间距≤150mm。

（3）当施工图设计文件标注连梁箍筋分为加密区和非加密区时，箍筋加密区范围按框架梁的构造要求，抗震等级同剪力墙。

（4）梁侧面构造钢筋做法同连梁。

（5）连梁下部纵向钢筋应在跨内通长，上部非通长钢筋的截断做法同框架梁。

第 5 章 梁构件识图与钢筋翻样

5.1 梁平法制图规则

梁平法施工图系在梁平面布置图上采用平面注写方式或截面注写方式表达。梁平面布置图，应分别按梁的不同结构层（标准层），将全部梁和与其相关联的柱、墙、板一起采用适当比例绘制。当梁平法施工图中，应注明各结构层的顶面标高及相应的结构层号。对于轴线未居中的梁，应标注其偏心定位尺寸（贴柱边的梁可不注）。

5.1.1 平面注写方式

平面注写方式，系在梁平面布置图上，分别在不同编号的梁中各选一根梁，在其上注写截面尺寸和配筋具体数值的方式来表达梁平法施工图，如图 5-1 所示。

平面注写包括集中标注与原位标注，集中标注表达梁的通用数值，原位标注表达梁的特殊数值。当集中标注中的某项数值不适用于梁的某部位时，则将该项数值原位标注，施工时，原位标注取值优先，如图 5-1 所示。

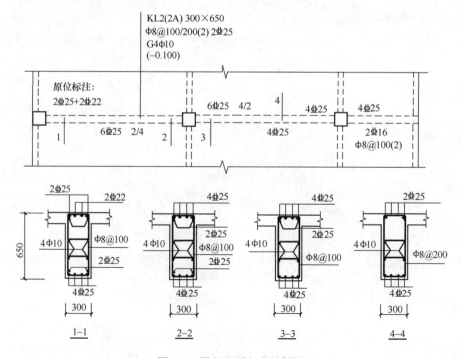

图 5-1 平面注写方式示例图

（1）梁编号由梁类型代号、序号、跨数及有无悬挑代号几项组成，见表 5-1。

梁 编 号 表　　　　　　表 5-1

梁类型	代号	序号	跨数及是否带有悬挑
楼层框架梁	KL	××	（××）、（××A）或（××B）
楼层框架扁梁	KBL	××	（××）、（××A）或（××B）
层面框架梁	WKL	××	（××）、（××A）或（××B）
框支梁	KZL	××	（××）、（××A）或（××B）
托柱转换梁	TZL	××	（××）、（××A）或（××B）
非框架梁	L	××	（××）、（××A）或（××B）
悬挑梁	XL	××	（××）、（××A）或（××B）
井字梁	JZL	××	（××）、（××A）或（××B）

注：1.（××A）为一端有悬挑，（××B）为两端有悬挑，悬挑不计入跨数。

　　2. 楼层框架扁梁节点核心区代号 KBH。

　　3. 本图集中非框架梁 L、井字梁 JZL 表示端支座为铰接；当非框架梁 L、井字梁 JZL 端支座上部纵筋为充分利用钢筋的抗拉强度时，在梁代号后加"g"。

（2）梁集中标注的内容，有五项必注值及一项选注值（集中标注可以从梁的任意一跨引出），规定如下：

1）梁编号，见表 5-1，该项为必注值。

2）梁截面尺寸，该项为必注值。当为等截面梁时，用 $b \times h$ 表示；当为竖向加腋梁时，用 $b \times h$ Y$c_1 \times c_2$ 表示，其中 c_1 为腋长，c_2 为腋高，如图 5-2 所示；

当为水平加腋梁时，一侧加腋时用 $b \times h$ PY$c_1 \times c_2$ 表示，其中 c_1 为腋长，c_2 为腋宽，加腋部位应在平面图中绘制，如图 5-3 所示；

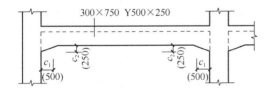

图 5-2　竖向加腋截面注写示意图

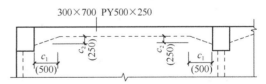

图 5-3　水平加腋截面注写示意图

当有悬挑梁且根部和端部的高度不同时，用斜线分隔根部与端部的高度值，即为 $b \times h_1/h_2$，如图 5-4 所示。

3）梁箍筋，包括钢筋级别、直径、加密区与非加密区间距及肢数，该项为必注值。箍筋加密区与非加密区的不同间距及肢数需用斜线"/"分隔；当梁箍筋为同一种间距及肢数时，则不需用斜线；当加密区与非加密区的箍筋肢数相同时，则将肢数注写一次；箍筋肢数应写在括号内。加密区范围见相应抗震等级的标准构造详图。

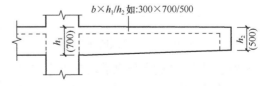

图 5-4　悬挑梁不等高截面注写示意图

非框架梁、悬挑梁、井字梁采用不同的箍筋间距及肢数时，也用斜线"/"将其分隔开来。注写时，先注写梁支座端部的箍筋（包括箍筋的箍数、钢筋级别、直径、间距及肢数），在斜线后注写梁跨中部分的箍筋间距及肢数。

4）梁上部通长筋或架立筋配置（通长筋可为相同或不同直径采用搭接连接、机械连接或焊接的钢筋），该项为必注值。所注规格与根数应根据结构受力要求及箍筋肢数等构造要求而定。当同排纵筋中既有通长筋又有架立筋时，应用加号"＋"将通长筋和架立筋相联。注写时需将角部纵筋写在加号的前面，架立筋写在加号后面的括号内，以示不同直径及与通长筋的区别。当全部采用架立筋时，则将其写入括号内。

当梁的上部纵筋和下部纵筋为全跨相同，且多数跨配筋相同时，此项可加注下部纵筋的配筋值，用分号"；"将上部与下部纵筋的配筋值分割开来，少数跨不同者，按本规则的规定处理。

5）梁侧面纵向构造钢筋或受扭钢筋配置，该项为必注值。

当梁腹板高度 $H_w \geq 450$mm 时，需配置纵向构造钢筋，所注规格与根数应符合规范规定。此项注写值以大写字母 G 打头，接续注写设置在梁两个侧面的总配筋值，且对称配置。

当梁侧面需配置受扭纵向钢筋时，此项注写值以大写字母 N 打头，接续注写配置在梁两个侧面的总配筋值，且对称配置。受扭纵向钢筋应满足梁侧面纵向构造钢筋的间距要求，且不再重复配置纵向构造钢筋。

6）梁顶面标高高差，该项为选注值。

梁顶面标高高差，系指相对于结构层楼面标高的高差值，对于位于结构夹层的梁，则指相对于结构夹层楼面标高的高差。有高差时，需将其写入括号内，无高差时不注。

7）梁原位标注的内容规定。

① 梁支座上部纵筋，该部位含通长筋在内的所有纵筋：

a. 当上部纵筋多于一排时，用斜线"/"将各排纵筋自上而下分开。

b. 当同排纵筋有两种直径时，用加号"＋"将两种直径的纵筋相联，注写时将角部纵筋写在前面。

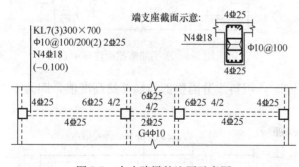

c. 当梁中间支座两边的上部纵筋不同时，须在支座两边分别标注；当梁中间支座两边的上部纵筋相同时，可仅在支座的一边标注配筋值，另一边省去不注，如图 5-5 所示。

设计时应注意：

a. 对于支座两边不同配筋值的上部纵筋，宜尽可能选用相同直径（不同根数），使其贯穿支座，避免支座两边不同直径的上部纵筋均在支座内锚固。

图 5-5　大小跨梁的注写示意图

b. 对于以边柱、角柱为端支座的屋面框架梁，当能够满足配筋截面面积要求时，其梁的上部钢筋应尽可能只配置一层，以避免梁柱纵筋在柱顶处因层数过多、密度过大导致不方便施工和影响混凝土浇筑质量。

② 梁下部钢筋：

a. 当下部纵筋多于一排时，用斜线"/"将各排纵筋自上而下分开。

b. 当同排纵筋有两种直径时，用加号"＋"将两种直径的纵筋相联，注写时角筋写在前面。

c. 当梁下部纵筋不全伸入支座时，将梁支座下部纵筋减少的数量写在括号内。

d. 当梁的集中标注中已按规定分别注写了梁上部和下部均为通长的纵筋值时，则不需在梁下部重复做原位标注。

e. 当梁设置加腋时，加腋部位下部斜纵筋应在支座下部以"Y"打头注写在括号内，本图集中框架梁竖向加腋构造适用于加腋部位参与框架梁计算，其他情况设计者应另行给出构造。当梁设置水平加腋时，水平加腋内上、下部斜纵筋应在加腋支座上部以"Y"打头注写在括号内，上、下部斜纵筋之间用"/"分隔。

③ 当在梁上集中标注的内容（即梁截面尺寸、箍筋、上部通长筋或架立筋，梁侧面纵向构造钢筋或受扭纵向钢筋，以及梁顶面标高高差中的某一项或几项数值）不适用于某跨或某悬挑部分时，则将其不同数值原位标注在该跨或该悬挑部位，施工时应按原位标注数值取用。当在多跨梁的集中标注中已注明加腋，而该梁某跨的根部不需要加腋时，则应在该跨原位标注等截面的 $b×h$，以修正集中标注中加腋信息。

④ 附加箍筋或吊筋，将其直接画在平面图中的主梁上，用线引注总配筋值（附加箍筋的肢数注在括号内）。当多数附加箍筋或吊筋相同时，可在梁平法施工图上统一注明，少数与统一注明值不同时，再原位引注。

施工时应注意：附加箍筋或吊筋的几何尺寸应按照标准构造详图，结合其所在位置的主梁和次梁的截面尺寸而定。

⑤ 框架扁梁注写规则同框架梁，对于上部纵筋和下部纵筋，尚需注明未穿过柱截面的纵向受力钢筋根数。

⑥ 框架扁梁节点核心区代号为 KBH，包括柱内核心区和柱外核心区两部分。框架扁梁节点核心区钢筋注写包括柱外核心区竖向拉筋及节点核心区附加钢筋，端支座节点核心区尚需注写附加 U 形箍筋。

柱内核心区箍筋见框架柱箍筋。

柱外核心区竖向拉筋，注写其钢筋级别与直径；端支座柱外核心区尚需注写附加 U 形箍筋的钢筋级别、直径及根数。

框架扁梁节点核心区附加纵向钢筋以大写字母"F"打头，注写其设置方向（X 向或 Y 向）、层数、每层的钢筋根数、钢筋级别、直径及未穿过柱截面的纵向受力钢筋根数。

设计、施工时应注意：

a. 柱外核心区竖向拉筋在梁纵向钢筋两向交叉位置均布置，当布置方式与图集要求不一致时，设计应另行绘制详图。

b. 框架扁梁端支座节点，柱外核心区设置 U 形箍筋及竖向拉筋时，在 U 形箍筋与位于柱外的梁纵向钢筋交叉位置均布置竖向拉筋。当布置方式与图集要求不一致时，设计应另行绘制详图。

c. 附加纵向钢筋应与竖向拉筋相互绑扎。

⑦ 井字梁通常由非框架梁构成，并以框架梁为支座（特殊情况下以专门设置的非框架大梁为支座）。在此情况下，为明确区分井字梁与作为井字梁支座的梁，井字梁用单粗虚线表示（当井字梁顶面高出板面时可用单粗实线表示），作为井字梁支座的梁用双虚线

表示（当梁顶面高出板面时可用双细实线表示）。

井字梁系指在同一矩形平面内相互正交所组成的结构构件，井字梁所分布范围成为"矩形平面网格区域"（简称"网格区域"）。当在结构平面布置中仅有由四根框架梁框起的一片网格区域时，所有在该区域相互正交的井字梁均为单跨；当有多片网格区域相连时，贯通多片网格区域的井字梁为多跨，且相邻两片网格区域分界处即为该井字梁的中间支座。对某根井字梁编号时，其跨数为其总支座数减 1；在该梁的任意两个支座之间，无论有几根同类梁与其相交，均不作为支座。

除此之外，设计者应注明纵横两个方向梁相交处同一层面钢筋的上下交错关系（指梁上部或下部的同层面交错钢筋布置时何梁在上何梁在下），以及在该相交处两方向梁箍筋的布置要求。

井字梁的端部支座和中间支座上部纵筋的伸出长度 a_0 值，应由设计者在原位加注具体数值予以注明。

当采用平面注写方式时，则在原位标注的支座上部纵筋后面括号内加注具体伸出长度值。

当为截面注写方式时，则在梁端截面配筋图上注写的上部纵筋后面括号内加注具体伸出长度值。

设计时应注意：

a. 当井字梁连续设置在两片或多排网格区域时，才具有上面提及的井字梁中间支座。

b. 当某跟井字梁端支座与其所在网格区域之外的非框架梁相连时，该位置上部钢筋的连续布置方式须由设计者注明。

⑧ 在梁平法施工图中，当局部梁的布置过密时，可将过密区用虚线框出，适当放大比例后再用平面注写方式表示。

5.1.2　截面注写方式

（1）截面注写方式，系在分标准层绘制的梁平面布置图上，分布在不同编号的梁中各选择一根梁用剖面号引出配筋图，并在其上注写截面尺寸和配筋具体数值的方式来表达梁平法施工图。

（2）对所有梁进行编号，从相同编号的梁中选择一根梁，先将"单边截面号"画在改梁上，再将截面配筋详图画在本图或其他图上。当某梁的顶面标高与结构层的楼面标高不同时，尚应继其梁编号后面注写梁顶面标高高差（注写规定与平面注写方式相同）。

（3）在截面配筋详图上注写截面尺寸 $b \times h$、上部筋、下部筋、侧面构造筋或受扭筋以及箍筋的具体数值时，其表达形式与平面注写方式相同。

（4）对于框架扁梁尚需在截面详图上注写未穿过柱截面的纵向受力筋根数。对于框架扁梁节点核心区附加钢筋，需采用平、剖面图表达节点核心区附加纵向钢筋、柱外核心区全部竖向拉筋以及端支座附加 U 形箍筋，注写其具体数值。

（5）截面注写方式既可以单独使用，也可与平面注写方式结合使用。

5.1.3　梁支座上部纵筋的长度规定

（1）为方便施工，凡框架梁的所有支座和非框架梁（不包括井字梁）的中间支座上部

纵筋的伸出长度 a_0 值在标准构造详图中统一取值为：第一排非通长筋及与跨中直径不同的通长筋从柱（梁）边起伸出至 $l_n/3$ 位置；第二排非通长筋伸出至 $l_n/4$ 位置。l_n 的取值规定为：对于端支座，l_n 为本跨的净跨值；对于中间支座，l_n 为支座两边较大一跨的净跨值。

（2）悬挑梁（包括其他类型梁的悬挑部分）上部第一排纵筋伸出至梁端头并下弯，第二排伸出至 $3l/4$ 位置，l 为自柱（梁）边算起的悬挑净长。当具体工程需要将悬挑梁中的部分上部钢筋从悬挑梁根部开始斜向弯下时，应由设计者另加注明。

（3）设计者在执行关于梁支座端上部纵筋伸出长度的统一取值规定时，特别是在大小跨相邻和端跨外为长悬臂的情况下，还应注意按《混凝土结构设计规范（2015 版）》GB 50010—2010 的相关规定进行校核，若不满足时应根结规范规定进行变更。

5.1.4　不伸入支座的梁下部纵筋长度规定

（1）当梁（不包括框支梁）下部纵筋不全部神入支座时，不伸入支座的梁下部纵筋截断点距支座边的距离，在标准构造详图中统一取为 $0.1l_{ni}$（l_{ni} 为本跨梁的净跨值）。

（2）当确定不伸入支座的梁下部纵筋的数量时，应符合《混凝土结构设计规范》（2015 版）GB 50010－2010 的有关规定。

5.1.5　其他

（1）非框架梁、井字梁的上部纵向钢筋在端支座的锚固要求，本图集标准构造详图中规定：当设计按铰接时（代号 L、JZL），平直段伸至端支座对边后弯折，且平直段长度 $\geqslant 0.35l_{ab}$，弯折段投影长度 $15d$（d 为纵向钢筋直径）；当充分利用钢筋的抗拉强度时（代号 Lg、JZLg），直段伸至端支座对边后弯折，且平直段长度 $\geqslant 0.6l_{ab}$，弯折段投影长度 $15d$。

（2）非框架梁的下部纵向钢筋在中间支座和端支座的锚固长度：在本图集的构造详图中规定对于带肋钢筋为 $12d$；对于光面钢筋为 $15d$（d 为纵向钢筋直径）；端支座直锚长度不足时，可采取弯钩锚固形式措施；当计算中需要充分利用下部纵向钢筋的抗压强度或抗拉强度，或具体工程有特殊要求时，其锚固长度应由设计者按照《混凝土结构设计规范（2015 版）》GB 50010—2010 的相关规定进行变更。

（3）当非框架梁配有受扭纵向钢筋时，梁纵筋锚入支座的长度为 l_a，在端支座直锚长度不足时可伸至端支座对边后弯折，且平直段长度 $\geqslant 0.6l_{ab}$，弯折段投影长度 $15d$。设计者应在图中注明。

（4）当梁纵筋兼做温度应力钢筋时，其锚入支座的长度由设计确定。

（5）当两楼层之间设有层间梁时（如结构夹层位置处的梁），应将设置该部分梁的区域划出另行绘制梁结构布置图，然后在其上表达梁平法施工图。

5.2　梁钢筋翻样

梁构件有楼层框架梁（KL）、屋面框架梁（WKL）、非框架梁（L）、框架扁梁（KBH）、井字梁（JZL）、框支梁（KZL）、悬挑梁（XL）等。

梁钢筋计算的项目有上部通长钢筋、支座负筋（上一排、二排、三排）、架立筋、下部通长钢筋、下部非通长钢筋、下部不伸入支座钢筋、梁侧面钢筋（构造钢筋、抗扭钢筋）、梁箍筋、梁拉筋、集中力作用附加箍筋、集中力作用附加吊筋、纵向钢筋绑扎连接区的附加箍筋、梁加腋（梁竖向加腋的构造钢筋和构造箍筋、梁柱截面偏心过大时，梁水平加腋），如图5-6所示。

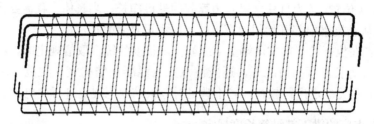

图5-6　上部通长筋、下部通长筋、支座负筋和箍筋示意图

梁支座两侧梁高不平（梁顶有高差、梁底有高差、梁顶和梁底均有高差），梁支座两侧梁宽不同（左宽右窄一面平、左窄右宽一面平、左右宽窄两面均不平），钢筋根数不同，钢筋直径不同。

框架梁纵向钢筋在中间层端节点采用90°弯折锚固方式时，如果平直段长度不满足大于或等于$0.4l_{abE}$的要求时，不得采用加长弯折段长度使总长度满足最小锚固长度的做法。

试验研究表明，当柱截面高度不足以满足直线锚固段时，可采用带90°弯折段的锚固方式。这种锚固端的锚固力由平直段的粘结锚固和弯折段的挤压锚固作用组成。框架梁上、下纵向受力钢筋在端支座必须保证平直段长度不小于$0.4l_{abE}$，90°弯折长度为$15d$时，能可保证梁筋的锚固强度和抗滑移刚度。弯折段长度超过$15d$之后，再增加弯折段长度对受力钢筋的锚固基本没有作用。因此，平直段不能满足要求时，不应采取加大弯折段长度，使总长度不小于l_{aE}的做法。水平段长度不满足要求时，应由设计方解决，施工方不可自行处理。

在下料时必须考虑接头位置，也应当考虑弯曲调整值。

5.2.1　楼层抗震框架梁

1. 梁纵筋

（1）框架梁通长筋。

用于1跨时：上部/下部通长筋长度＝净跨长＋左支座锚固长度＋右支座锚固长度

左、右支座锚固长度的取值判断条件：

采用直线锚固（图5-7）：当h_c（柱宽）－保护层厚度$\geqslant l_{aE}$时，锚固长度＝$\max\{l_{aE}, (0.5h_c+5d)\}$。

采用弯锚（图5-8）：当h_c（柱宽）－保护层厚度$< l_{aE}$时，锚固长度＝h_c－保护层＋$15d$。

注意：当上柱截面尺寸小于下柱截面尺寸时，梁上部钢筋的锚固长度起算位置应为上柱内边缘，梁下部钢筋的锚固长度起算位置为下柱内边缘，如图5-9所示。

伸至柱外侧纵筋内侧的长度＝柱保护层＋柱箍筋直径＋柱纵筋直径＋25＋25（垂直

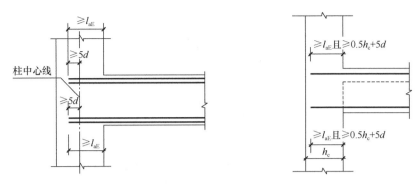

图 5-7　端支座直锚示意图

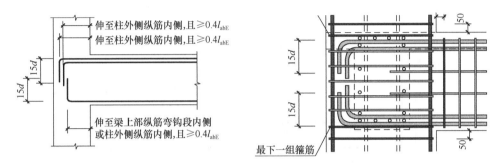

图 5-8　端支座弯锚示意图

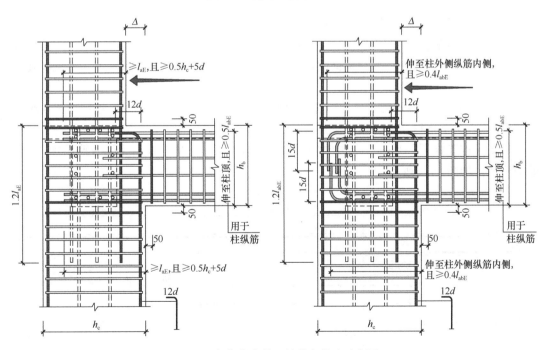

图 5-9　框架柱变截面处节点构造示意图

方向另一侧钢筋通过尺寸），如图 5-10 所示。

25 为纵筋最外排竖向弯折段与柱外侧纵向钢筋净距不宜小于 25mm，如图 5-11 所示。

即≈20＋10＋20＋25＋25＝100mm（在满足≥$0.4l_{aE}$的前提下），如图 5-12 所示。

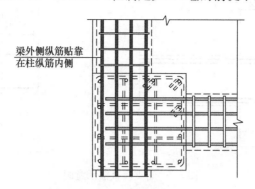

图 5-10　垂直方向另一侧钢筋通过尺寸示意图

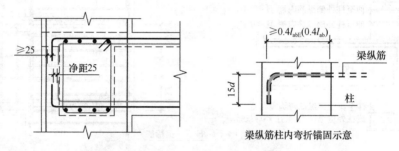

图 5-11　钢筋躲让构造示意图　　图 5-12　在满足≥$0.4l_{aE}$的前提下示意图

用于多跨时：上部/下部通长筋长度＝梁总长度－保护层×2＋15d×2

梁下部纵向钢筋可在中间节点处锚固，也可贯穿中间支座。框架梁下部纵向钢筋尽量避免在中柱内直线锚固或 90°弯折锚固，宜本着"能通则通"的原则来保证节点区混凝土的浇筑质量。

在计算钢筋接头位置时，梁上部通长钢筋与非贯通钢筋直径相同时，连接位置在跨中 l/3 范围内；梁下部钢筋连接接头位置宜位于支座 l/3 范围内。在《混凝土结构施工钢筋排布规则与构造详图》18G901-1 中增加了 1.5 倍的梁高，因考虑此部位为箍筋加密区，故应避开，如图 5-13 所示。

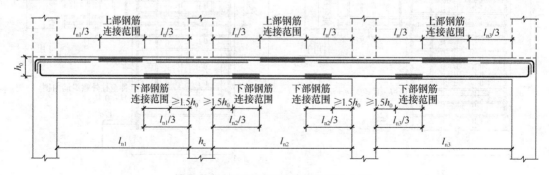

图 5-13　框架梁纵向钢筋连接示意图

（2）支座负筋。

《混凝土结构设计规范（2015 年版）》GB 50010—2010 中对非通长筋的截断点位置有

两方面要求：一是从不需要该钢筋的截面伸出的长度，二是从该钢筋强度充分利用截面向前伸出的长度。

G101 图集规定框架梁的所有支座和非框架梁（不包括井字梁）的中间支座第一排非通长筋从支座边伸出至 $l_n/3$ 位置，第二排非通长筋从支座边伸出至 $l_n/4$ 位置。这是为了施工方便，且按此规定也能包络实际工程中大部分主要承受均布荷载情况，如图 5-14 所示。

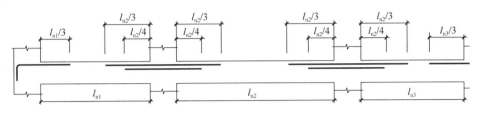

图 5-14　支座负筋相邻跨长度相等或相近示意图

左、右支座锚固长度的取值判断条件：

采用直线锚固：当 h_c（柱宽）−保护层厚度 $\geq l_{aE}$ 时，锚固长度 $= \max\{l_{aE}, (0.5h_c + 5d)\}$

采用弯锚：当 h_c（柱宽）−保护层厚度 $< l_{aE}$ 时，锚固长度 $= h_c$−保护层$+15d$

端支座第一排负筋长度＝左支座或右支座锚固＋净跨/3

端支座第二排负筋长度＝左支座或右支座锚固＋净跨/4

中间支座第一排负筋长度＝$2 \times \max$(左跨净跨长/3，右跨净跨长/3)＋支座宽

中间支座第二排负筋长度＝$2 \times \max$(左跨净跨长/4，右跨净跨长/4)＋支座宽

注意：当支座负筋相邻跨长相差较大时，需要在小跨区域拉通布置，如图 5-15 所示。

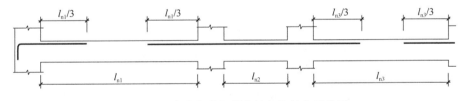

图 5-15　支座负筋相邻跨长相差较大示意图

小跨拉通的第一排负筋长度＝左跨净跨长/3＋支座宽＋中间跨净长＋支座宽＋右跨净跨长/3

小跨拉通的第二排负筋长度＝左跨净跨长/4＋支座宽＋中间跨净长＋支座宽＋右跨净跨长/4

注意：当通长钢筋直径与支座负弯矩钢筋直径相同时，接头位置宜在跨中 1/3 净跨范围内，如图 5-16 所示。

当通长钢筋直径小于支座负弯矩钢筋直径时，负弯矩钢筋伸出长度按设计要求（一般为 $l_n/3$，特殊情况除外），通长钢筋与负弯矩钢筋搭接连接如图 5-17 所示。

（3）架立筋。

架立钢筋是为了固定箍筋而设置的，根据梁中箍筋的形式以及通长筋的设置情况综合考虑，如图 5-18 所示。

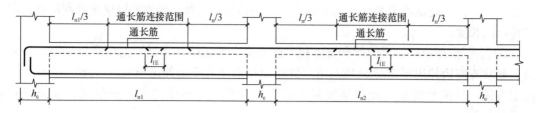

图 5-16　通长筋与支座负筋直径相同示意图

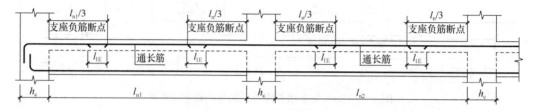

图 5-17　通长筋直径小于支座负筋直径示意图

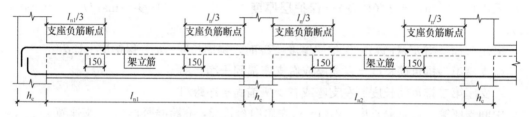

图 5-18　架立筋与支座负筋的连接示意图

框架梁上部纵向受力钢筋与架立筋搭接时，箍筋不加密，如图 5-19 所示。

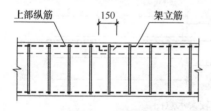

图 5-19　架立筋与纵筋构造搭接示意图

架立筋长度＝净跨长－左支座负筋净长－右支座负筋净长＋150×2

（4）侧面纵筋和拉筋，如图 5-20 所示。

构造纵筋：当梁的高度较大时，有可能在梁侧面产生垂直于梁轴线的收缩裂缝，为此应在梁的两侧沿梁长度方向布置纵向构造钢筋。

当梁的腹板高度 $h_w \geqslant 450mm$ 时，需要在梁的两侧沿梁高度范围内配备纵向构造钢筋，以大写字母 "G" 打头标注。

梁侧面纵向构造钢筋的搭接与锚固长度可取 $15d$。当跨内采用搭接时，在该搭接长度

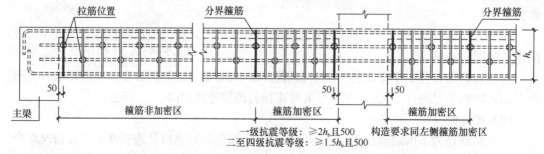

图 5-20　框架梁（KL、WKL）箍筋、拉筋排布构造示意图

范围内不需要配置加密箍筋。

$$侧面构造纵筋长度＝净跨长＋2×15d$$

受扭纵筋：当梁内作用有扭矩时，无论是框架梁还是非框架梁，均由纵向钢筋和箍筋共同承担扭矩内力。以大写字母"N"打头标注。

梁侧面纵向受扭钢筋的搭接长度为 l_{lE} 或 l_l，其锚固长度为 l_{aE} 或 l_a。当跨内采用搭接时，在该搭接长度范围内也应配置加密箍筋。

$$侧面受扭纵筋长度＝净跨长＋2×l_{aE}$$

当梁宽≤350mm 时，拉结钢筋直径为 6mm；梁宽＞350mm 时，拉结钢筋直径为 8mm，拉筋间距为非加密区箍筋间距的 2 倍。当设有多排拉筋时，上下两排拉筋竖向错开设置。拉筋应当同时紧靠箍筋和梁侧面纵向钢筋，且勾住箍筋。

拉筋长度＝梁宽－2×保护层＋2×箍筋直径＋20d（具体参照箍筋长度）

拉筋根数＝{(净跨长－50×2)/非加密区间距的 2 倍＋1}×侧面拉筋道数

梁的腹板高度和梁有效高度按如下规定计算：

梁腹板高度 h_w：对矩形截面，取有效高度 h_o；对于 T 形截面，取有效高度 h_o 减去翼缘高度 h_f；对于 I 形截面取腹板净高，如图 5-21 所示。

梁有效高度 h_o：为梁上边缘至梁下部受拉钢筋的合力中心的距离，即 $h_o＝h－s$；当梁下部配置单层纵向钢筋时，s 为下部纵向钢筋中心至梁底距离；当梁下部配置两层纵向钢筋时，s 可取 70mm。如图 5-21 所示。

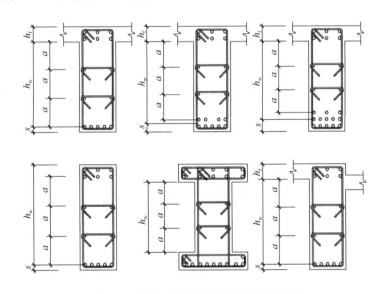

图 5-21　梁侧面纵向构造钢筋构造示意图

2. 箍筋、吊筋、附加箍筋

(1) 箍筋：按照外皮尺寸计算，并结合实践经验。

1) 箍筋长度＝周长－8×保护层＋20d（热轧带肋钢筋）

2) 箍筋长度＝周长－8×保护层＋19d（光圆钢筋）

框架梁 KL 的箍筋排布示意图所示，箍筋从距柱内皮 50mm 处开始设置，如图 5-22 所示。

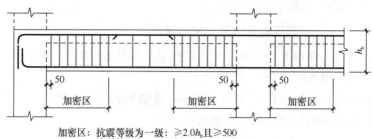

加密区：抗震等级为一级：≥2.0h_b且≥500
抗震等级为二至四级：≥1.5h_b且≥500

图 5-22 框架梁 KL 箍筋排布示意图

3）设一级抗震等级加密箍筋道数为 n_1 密（计算值取整，下同），n_1 密＝（2h_b－50）/加密间距＋1。

设某跨梁一级抗震等级非加密区箍筋道数 n_2，n_2＝{该跨净跨度－2[50＋（n_1 密－1）×加密间距]}/非加密间距－1。

4）设二至四级抗震等级加密箍筋道数为 n_1 密（计算值取整，下同），n_1 密＝（1.5b－50）/加密间距＋1。

设某跨梁二至四级抗震等级非加密区箍筋道数 n_2，n_2＝{该跨净跨度－2[50＋（n_2 密－1）×加密间距]}/非加密间距－1。

注意：抗震框架梁 KL 的截面高度 h_b 一般不会≤333.33mm(500/1.5)，更不会≤250mm(500mm/2)，所以直接用 1.5h_b 和 2h_b 进行计算。

以上计算式中进行了箍筋加密区的调整，因取整后加密区长度会增加，故进行调整间距。

（2）吊筋、附加箍筋。

当在梁的高度范围内或梁下部有集中荷载时，为防止集中荷载影响区下部混凝土的撕裂及裂缝，应全部由附加横向钢筋承担，附加横向钢筋宜采用箍筋，当箍筋不足时也可以增加吊筋。不允许用布置在集中荷载影响区内的原梁内箍筋代替附加横向钢筋，如图 5-23 所示。

吊筋的弯起角度：当主梁高度不大于 800mm 时，弯起角度为 45°；当主梁高度大于 800mm 时，弯起角度为 60°。附加吊筋的上部（或下部）平直段可置于主梁上部（或下部）第一排或第二排纵筋位置。吊筋下部平直段必须置于次梁下部纵筋之下。附加吊筋宜设在梁上部钢筋的正下方，既可由上部钢筋遮挡它，不被振动棒偏位，又不会成为混凝土下行的障碍，如图 5-24 所示。

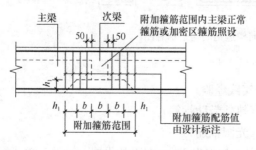

图 5-23 附加箍筋范围示意图

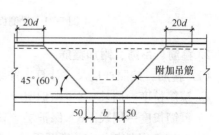

图 5-24 附加吊筋构造示意图

附加吊筋的长度＝次梁宽度＋50×2＋2×(主梁高－保护层厚度×2－箍筋直径×2－梁上下纵筋直径－纵筋最小净距)/sin45°(60°)＋20d×2

其中梁高侧可简化为：主梁高－20×2－2×10－20×2－25＝主梁高－120mm

附加箍筋的数量直接按照设计标注值采用，长度计算公式与正常箍筋相同。

5.2.2　屋面抗震框架梁

在承受以静力荷载为主的框架中，顶层端节点的梁、柱端均主要承受负弯矩作用，相当于90°折梁。节点外侧钢筋不是锚固受力，而属于搭接传力问题，故不允许将柱纵筋伸至柱顶，而将梁上部钢筋锚入节点的做法。

搭接接头设在节点外侧和梁顶顶面的90°弯折搭接（柱锚梁）和搭接接头设在柱顶部外侧的直线搭接（梁锚柱）这两种方法：第一种做法（柱锚梁）适用于梁上部钢筋和柱外侧钢筋数量不致过多的民用建筑框架。其优点是梁上部钢筋不伸入柱内，有利于梁底标高处设置柱内混凝土施工缝。但当梁上部和柱外侧钢筋数量过多时，采用第一种做法将造成节点顶部钢筋的拥挤，不利于自上而下浇筑混凝土。此时，宜改为第二种方法（梁锚柱）。

在计算屋面抗震框架梁时基本上与楼层抗震框架梁基本相同，现只讲解一下不同之处：

（1）梁纵筋。

1）采用柱锚梁情况（需要与柱部分结合起来），如图 5-25、图 5-26 所示。

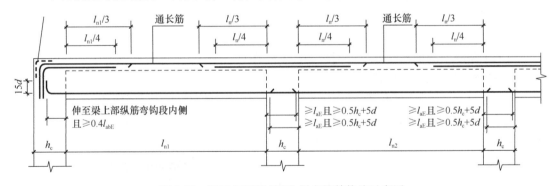

图 5-25　屋面框架梁 WKL 纵向钢筋构造示意图

注意：梁上部纵筋伸至柱外边柱纵筋内侧并向下弯折到梁底标高。

① 用于 1 跨时：屋面框架梁上部通长筋长度＝净跨长＋(左支座长度－保护层)＋(右支座长度－保护层)＋2×弯折长度(梁高－保护层－箍筋直径)

用于多跨时：上部/下部通长筋长度＝梁总长度－保护层×2＋2×弯折长度(梁高－保护层－箍筋直径)

② 屋面框架梁上部端支座第一排负筋长度＝净跨长/3＋(左支座长度－保护层)＋2×弯折长度(梁高－保护层－箍筋直径)

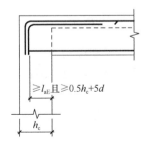

图 5-26　顶层端支座梁下部钢筋直锚示意图

屋面框架梁上部端支座第二排负筋长度＝净跨长/4＋(左支座长度－保护层)＋2×弯

折长度(梁高－保护层－箍筋直径)

2) 采用梁锚柱情况（需要与柱部分结合起来），如图 5-27 所示。

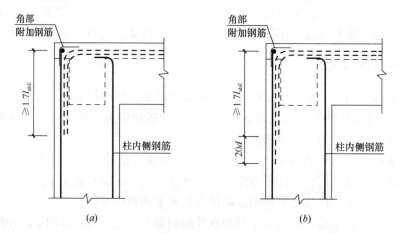

图 5-27　柱顶部外侧直线锚固示意图

(a) 当梁上部钢筋配筋率≤1.2%时，一次截断；(b) 当梁上部钢筋配筋率>1.2%时，
分两批截断，当梁上部纵向钢筋为两排时，先断第二排钢筋

当梁上部纵筋钢筋配筋率大于 1.2% 时，宜分两批截断，截断点之间距离不宜小于 20d。当梁上部纵筋为两排时，宜首先截断第二排钢筋。

配筋率为：梁上部纵向钢筋面积/梁截面面积。

配筋率不大于 1.2% 时，计算方法如下：

用于 1 跨时：屋面框架梁上部通长筋长度＝净跨长＋(左支座长度－保护层)＋(右支座长度－保护层)＋2×弯折长度(1.7l_{abE})

用于多跨时：上部/下部通长筋长度＝梁总长度－保护层×2＋2×弯折长度(1.7l_{abE})

(2) 当支座两边的宽度不同或错开布置时，将无法直通的纵筋弯锚入柱内时，框架梁与屋面框架梁中间支座纵向钢筋构造中的上部钢筋弯钩 15d 改为 l_{aE}，如图 5-28 所示。

需要注意：当构件的混凝土强度等级不等时，锚固长度按钢筋锚固区段的混凝土强度等级选取，因为是梁的纵向钢筋锚入墙或柱内，所以用梁的抗震等级；又因为钢筋在墙或柱的混凝土中锚固，所以采用墙或柱的混凝土强度等级。

5.2.3　非框架梁

非框架梁构造，如图 5-29 所示。"设计按铰接时"指理论上支座无负弯矩，但实际上仍受到部分约束，因此在支座区上部设置纵向构造钢筋；"充分利用钢筋的抗拉强度时"指支座上部非贯通钢筋按计算配置，承受支座负弯矩。

非框架梁上部纵筋长度＝通跨净长 l_n＋(左支座宽－保护层＋15d)＋(右支座宽－保护层＋15d)

当下部纵向带肋钢筋伸入端支座的直线锚固不小于 12d (d 为下部纵向钢筋直径)，可采用如图 5-30 所示。

非框架梁下部纵筋长度＝通跨净长 l_n＋2×12d(带肋钢筋)

非框架梁下部纵筋长度＝通跨净长 l_n＋2×15d＋2×6.25d(光圆钢筋)

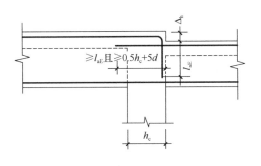

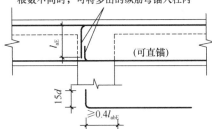

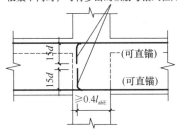

图 5-28　框架梁中间支座纵向钢筋构造示意图

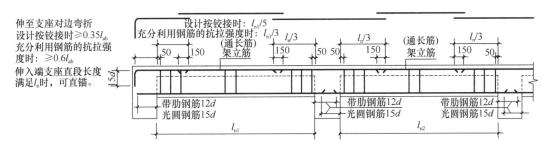

图 5-29　非框架梁构造示意图

实际工程中当遇到支座宽度较小时，当下部纵筋伸入边支座长度不能满足直锚 $12d$（光圆钢筋为 $15d$，末端做 $180°$弯钩）要求的情况，此时可采取如图 5-31 所示。

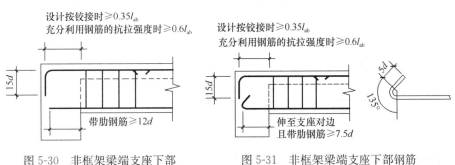

图 5-30　非框架梁端支座下部
钢筋构造示意图

图 5-31　非框架梁端支座下部钢筋
$135°$弯钩示意图

非框架梁下部纵筋长度＝通跨净长 l_n＋7.5d×2＋5d×2＋2.89d×2－3d×2

（用于带肋钢筋，其中 2.89 同箍筋长度）

注意：可采用 135°弯钩锚固时，下部纵向钢筋伸至支座对边弯折，包括弯钩在内的水平投影长度不小于 7.5d，弯钩的直线段长度为 5d。

非框架梁端支座负筋长度＝max[l_n/3(l_n/5)]＋支座宽－保护层＋15d

非框架梁中间支座负筋长度＝max[l_n/3(l_n/5)，2×l_n/3(l_n/5)]＋支座宽

5.2.4 悬挑梁

纯悬臂梁及连续梁的悬臂段属于静定结构，悬臂段的竖向承载力失效后将无法进行内力重分配，构件会发生破坏，因此再施工时需采用有效措施，应特别注意上部纵向受力钢筋的保护层厚度不得随意加厚，混凝土强度未达到设计强度时，下部的竖向支撑模板和脚手架不应拆除。

当悬臂梁跨度较小时，其纵向钢筋在节点或支座处按非框架梁锚固措施处理；当悬臂梁跨度较大时，需进行竖向地震作用验算，其上、下部纵向钢筋在支座内均需满足抗震锚固长度的要求，此时悬臂梁中钢筋锚固长度 l_a、l_{ab} 应改为 l_{abE}、l_{aE}，悬挑梁下部纵向钢筋伸入支座的长度也应采用 l_{aE}。

屋面与中间层悬臂梁构造需区别对待，构造做法主要与节点（墙、柱）或支座（梁）形式、悬臂梁与其连续内跨梁的梁顶标高差值等有关，见表 5-2。各类悬臂梁参数如图 5-32 所示。

悬臂梁构造节点表 表 5-2

楼层位置、节点或支座形式 / 梁顶与悬臂梁顶标高关系		中间层			屋面		
		柱	墙	梁	柱	墙	梁
Δ_h＝0	梁顶标高＝悬臂梁顶标高	①	①	①	①	①	①
$\Delta_h(h_c-50)$ ≤1/6	梁顶标高＞悬臂梁顶标高	③	③或⑥*		⑥*	③或⑥*
	梁顶标高＜悬臂梁顶标高	⑤	⑤或⑦*		⑦*	⑤或⑦*
$\Delta_h(h_c-50)$ ＞1/6	梁顶标高＞悬臂梁顶标高	②	⑥*		⑥*	⑥*
	梁顶标高＜悬臂梁顶标高	④	⑦*		⑦*	⑦*

注：1. 图中标注 * 号的构造做法中尚应满足 Δ_h 不大于 h_b/3。

2. Δ_h 为内跨梁顶面与悬臂梁顶面的高差。

（1）纯悬挑梁跨度≤2000mm 时，按非抗震设计，其位于中间层时，悬臂梁上部纵向钢筋应伸至支座（墙、柱），外侧纵筋内边并向节点内弯折 15d。当支座宽度不能满足直

线锚固长度要求时，可采用 90°弯折锚固，弯折前水平段投影长度不应小于 $0.4l_{ab}$，弯折后的竖向投影长度为 $15d$，如图 5-33 所示。

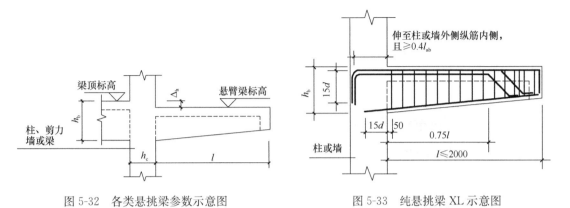

图 5-32　各类悬挑梁参数示意图　　　　　图 5-33　纯悬挑梁 XL 示意图

（2）悬臂梁剪力较大且全长承受弯矩，在悬臂梁中存在着比一般梁更为严重的斜弯现象和撕裂裂缝引起的应离延伸，在梁顶截断纵筋存在着引起斜弯失效的危险，因此上部纵筋不应在梁的上部切断。

1）悬臂梁上部钢筋中，应有至少 2 跟角筋且不少于第一排纵筋的 $1/2$ 伸至悬臂梁外端，并向下弯折 $12d$；其余钢筋不应在梁上部截断，而且在不需要该钢筋处下作 45°或 60°弯折，首先弯折第二排钢筋，弯折后的水平段为 $10d$，如图 5-34 所示。

2）当悬挑长度较小截面又比较高时，会出现不满足斜弯尺寸的要求，此时宜将上部所有纵筋均伸至悬臂梁外端，向下弯折 $12d$，如图 5-34(a) 所示。

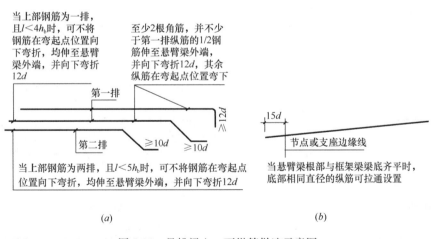

(a)　　　　　　　　　　　　　　　　　　　（b）

图 5-34　悬挑梁上、下纵筋做法示意图
（a）悬臂梁上部钢筋；（b）悬臂梁下部钢筋

当上部钢筋为一排，且 $l<4h_b$ 时，上部钢筋可不在端部弯下，伸至悬挑梁外端，向下弯折 $12d$，即

悬挑梁上部第一排钢筋长度＝支座宽 h_c－保护层厚度＋$15d$＋悬挑长度 l－保护层厚度＋$12d$

当上部钢筋为二排，且 $l<5h_b$ 时，上部钢筋可不在端部弯下，伸至悬挑梁外端，向

下弯折 $12d$，即

悬挑梁上部第二排钢筋长度＝支座宽 h_c－保护层厚度＋$15d$＋悬挑长度 l－保护层厚度＋$12d$

（3）位于楼层或屋面带连续内跨梁的悬臂梁在节点（墙、柱）或支座（梁）处构造措施。

1）悬臂梁与其跨梁顶标高相同时，梁上部纵向钢筋应贯穿节点（墙、柱）或支座（梁），如图 5-35(a) 所示。

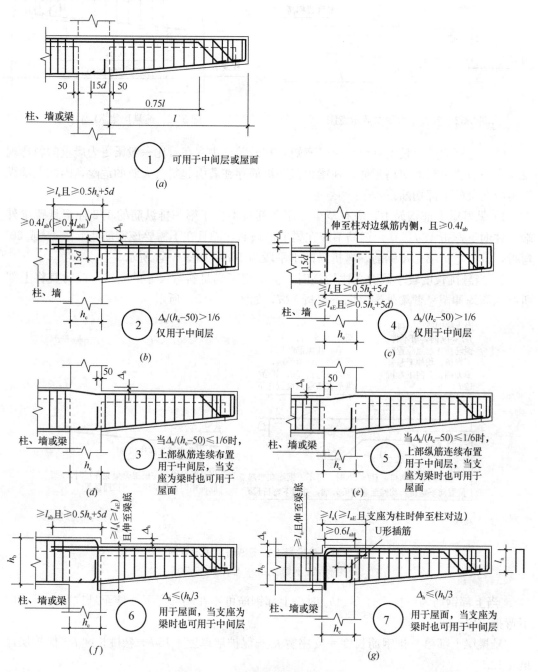

图 5-35　各种节点的悬挑梁示意图

2）节点钢筋计算。

第一排纵向钢筋长度＝l（悬挑梁净跨长）－保护层厚度＋12d

3）位于中间层，且 $\Delta h/(h_c-50)>1/6$ 时，梁上部纵向钢筋宜在节点（墙、柱）处截断分别锚固，内跨框架梁、悬臂梁上部纵筋按框架中间层端节点构造锚固措施，如图 5-35(b)、(c) 所示。

4）位于中间层，且 $\Delta h/(h_c-50)\leqslant1/6$ 时，梁上部纵向钢筋应坡折贯穿节点（墙、柱）或支座（梁），当支座为梁时也可用于屋面，如图 5-35(d)、(e) 所示。

5）位于屋面，$\Delta h\leqslant h_b/3$ 时，梁上部受力钢筋在节点（墙、柱）或支座（梁）处分别锚固，当支座为梁也可用于中间层楼面，如图 5-35(f)、(g) 所示。

（4）图 5-35(a)、(f)、(g) 位于屋面的悬臂梁与内跨框架梁底标高相同时，柱纵筋可按中柱节点考虑（节点处，内跨框架梁负弯矩远大于悬臂梁负弯矩情况除外）。

（5）当悬臂梁端部设有封边梁或次梁时，应根据计算在次梁一侧设置附加横向箍筋，承担其集中荷载，如图 5-36 所示。

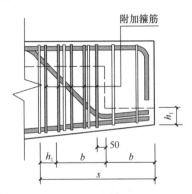

图 5-36　悬挑梁端附加箍筋范围示意图

第6章 板构件识图与钢筋翻样

6.1 板平法制图规则

有梁楼盖的制图规则适用于梁为支座的楼面于屋面板平法施工图设计。

6.1.1 有梁楼盖平法施工图的表示方法

有梁楼盖平法施工图，系在楼面板和屋面板布置图上，采用平面注写的表达方式。板平面注写主要包括板块集中标注和板支座原位标注。

为方便设计表达和施工识图，规定结构平面的坐标方向为：

(1) 当两向轴网正交布置时，图面从左至右为 X 向，从下至上为 Y 向；

(2) 当轴网转折时，局部坐标方向顺轴网转折角度做相应转折；

(3) 当轴网向心布置时，切向为 X 向，径向为 Y 向。

此外，对于平面布置比较复杂的区域，如轴网转折交界区域、向心布置的核心区域等，其平面坐标方向应由设计者另行规定并在图上明确表示。

1. 板块集中标注

板块集中标注的内容为：板块编号，板厚，上部贯通纵筋，下部纵筋，以及当板面标高不同时的标高高差。

对于普通楼面，两向均以一跨为一板块；对于密肋楼盖，两向主梁（框架梁）均以一跨为一板块（非主梁密肋不计）。所有板块应逐一编号，相同编号的板块可择其一做集中标注，其他仅注写至于圆圈内的板编号，以及当板面标高不同时的标高高差，见表 6-1。

板 块 编 号 表 表 6-1

板类型	代号	序号
楼面板	LB	××
屋面板	WB	××
悬挑板	XB	××

板厚注写为 $h=×××$（为垂直于板面的厚度）；当悬挑板的端部改变截面厚度时，用斜线分隔根部与端部的高度值，注写为 $h=×××/×××$；当设计已在图注中统一注明板厚时，此项可不住。

纵筋按板块的下部纵筋和上部贯通纵筋分别注写（当板块上部不设贯通纵筋时则不注），并以 B 代表下部纵筋，以 T 代表上部贯通纵筋，B&T 代表下部与上部；X 向纵筋以"X"打头，Y向纵筋以"Y"打头，两向纵筋配置相同时则以"X&Y"打头。当为单向板时，分布筋可不必注写，而在图中统一注明。当在某些板内（例如在悬挑板 XB 的下部）配置有构造钢筋时，则 X 向以"Xc"、Y 向以"Yc"打头注写。当 Y 向采用放射配筋时（切向为 X 向，径向为 Y 向），设计者应注明配筋间距的定位尺寸。

当纵筋采用两种规格钢筋"隔一布一"方式时，表达为 Φ××/yy@×××，表示直径为××的钢筋和直径为 yy 的钢筋二者之间间距为×××，直径××的钢筋的间距为×××的 2 倍，直径 yy 的钢筋的间距为×××的 2 倍。

板面标高高差，系指相对于结构层楼面标高的高差，应将其注写在括号内，且有高差则注，无高差不注。

2. 统一编号板块的类型、板厚和纵筋均应相同，但板面标高、跨度、平面形状以及板支座上部非贯通纵筋可以不同，如同一编号板块的平面形状可为矩形、多边形及其他形状等。施工预算时，应根据其实际平面形状，分别计算各块板的混凝土与钢材用量。

设计与施工应注意：单向或双向连续板的中间支座上部同向贯通钢筋，不应在支座位置连接或分别锚固。当相邻两跨的板上部贯通纵筋配置相同，且跨中部位有足够空间连接时，可在两跨任意一跨的跨中连接部位连接；当相邻两跨的上部贯通纵筋配置不同时，应将配置较大者越过其标注的跨数终点或起点伸至相邻跨的跨中连接区域连接。

设计应注意板中间支座两侧上部纵筋的协调配置，施工及预算应按具体设计和相应标准构造要求实施。等跨与不等跨板上部纵筋的连接有特殊要求时，其连接部位及方式应由设计者注明。对于梁板式转换层楼板，板下部纵筋在支座内的锚固长度不应小于 l_a。当悬挑板需要考虑竖向地震作用时，下部纵筋伸入支座内长度不应小于 l_{aE}。

6.1.2 板支座原位标注

板支座原位标注的内容为：板支座上部非贯通纵筋和悬挑板上部受力钢筋。

板支座原位标注的钢筋，应在配置相同跨的第一跨表达（当在梁悬挑部位单独配置时则在原位表达）。在配置相同跨的第一跨（或梁悬挑部位），垂直于板支座（梁或墙）绘制一段适宜长度的中粗实线（当该筋通长设置在悬挑板或短跨板上部时，实线段应画至对边或贯通短跨），以该线段代表支座上部非贯通纵筋，并在线段上方注写钢筋编号（如①、②等）、配筋值、横向连续布置的跨数（注写在括号内，且当为一跨时可不注）。以及是否横向布置到梁的悬挑端。

【例】（××）为横向布置的跨数，（××A）为横向布置的跨数及一端的悬挑梁部位，（××B）为横向布置的跨数及两端的悬挑梁部位。

板支座上部非贯通筋自支座中线向跨内的伸出长度，注写在线段的下方位置。

当中间支座上部非贯通纵筋向支座两侧对称伸出时，可仅在支座一侧线段下方标注伸出长度，另一侧不注，如图 6-1 所示。

当向支座两侧非对称伸出时，应分别在支座两侧线段下方注明伸出长度，如图 6-2 所示。

对线段画至对边贯通全跨或贯通全悬挑长度的上部通长纵筋，贯通全跨或伸出至全悬挑一侧的长度值不注，只注明非贯通筋另一侧的伸出长度值，如图 6-3 所示。

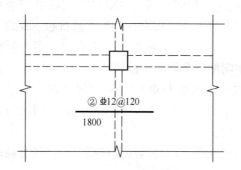 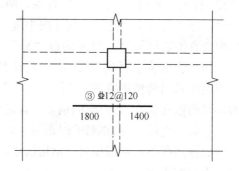

图 6-1 板支座上部非贯通筋对称伸出示意图　　图 6-2 板支座上部非贯通筋非对称伸出示意图

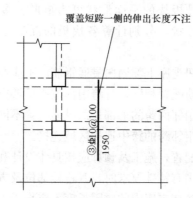 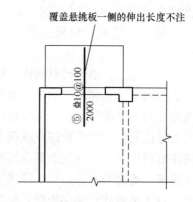

图 6-3 板支座非贯通筋贯通全跨或伸出至悬挑端示意图

　　当板支座为弧形，支座上部非贯通纵筋呈放射状分布时，设计者应注明配筋间距的度量位置并加注"放射分布"四字，必要时应补绘平面配筋图，如图 6-4 所示。

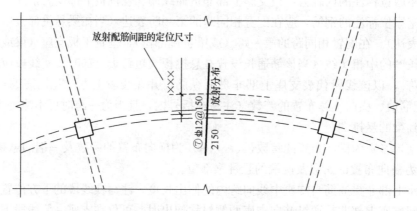

图 6-4 弧形支座处放射配筋示意图

　　关于悬挑板的注写方式，当悬挑板端部厚度不小于 150 时，设计者应指定板端部封边构造方式，当采用 U 形钢筋封边时，尚应指定 U 形钢筋的规格、直径，如图6-5所示。

　　在板平面布置图中，不同部位的板支座上部非贯通纵筋及悬挑板上部受力钢筋，可仅

124

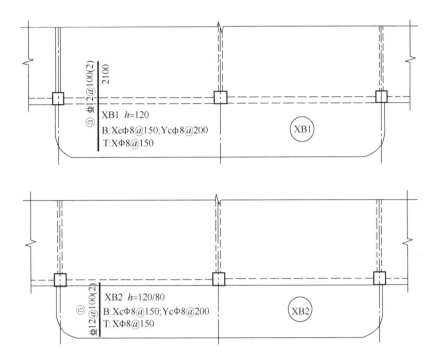

图 6-5　悬挑板支座非贯通筋示意图

在一个部位注写，对其他相同者则仅在代表钢筋的线段上注写编号及按制图规则注写横向连续布置的跨数即可。

此外，与板支座上部非贯通纵筋垂直且绑扎在一起的构造钢筋或分布钢筋，应由设计者在图中注明。

当板的上部已配置有贯通纵筋，但需增配板支座上部非贯通纵筋时，应结合已配置的同向贯通纵筋的直径与间距采取"隔一布一"方式配置。"隔一布一"方式，为非贯通纵筋的标注间距与贯通纵筋相同，两者组合后的实际间距为各自标注间距的 1/2。当设定贯通纵筋为纵筋总截面面积的 50% 时，两种钢筋应取相同直径；当设定贯通纵筋大于或小于总截面面积的 50% 时，两种钢筋则取不同直径。

施工应注意：当支座一侧设置了上部贯通钢筋（在板集中标注中以"T"打头），而在支座另一侧仅设置了上部非贯通纵筋时，如果支座两侧设置的纵筋直径、间距相同，应将二者连通，避免各自在支座上部分别锚固。

6.1.3　无梁楼盖平法施工图的表示方法

无梁楼盖板平法施工图，系在楼面板和屋面板布置图上，采用平面注写的表达方式。板平面注写主要有板带集中标注、板带支座原位标注两部分内容。

1. 板带集中标注

集中标注应在板带贯通纵筋配置相同跨的第一跨（X 向为左端跨，Y 向为下端跨）注写。相同编号的板带可择其一做集中标注，其他仅注写板带编号（注在圆圈内）。

板带集中标注的具体内容为：板带编号，板带厚及板带宽和贯通纵筋，见表 6-2。

板 带 编 号 表   表 6-2

板带类型	代号	序号	跨数及有无悬挑
柱上板带	ZSB	××	(××)、(××A) 或 (××B)
跨中板带	KZB	××	(××)、(××A) 或 (××B)

注：1. 跨数按柱网轴线计算（两相邻柱轴线之间为一跨）。

2. (××A) 为一端有悬挑，(××B) 为两端有悬挑，悬挑不计入跨数。

板带厚注写为 $h=×××$，板带宽注写为 $b=×××$。当无梁楼盖整体厚度和板带宽度已在图中注明时，此项可不注。

贯通纵筋按板带下部和板带上部分别注写，并以 B 代表下部，T 代表上部。B&T 代表下部和上部。采用放射配筋时，设计者应注明配筋间距的量度位置，必要时补绘配筋平面图。

设计与施工应注意：相邻等跨板带上部贯通纵筋应在跨中 1/3 净跨长范围内连接；当同向连续板带的上部贯通纵筋配置不同时，应将配置较大者越过其标注的跨数终点或起点伸至相邻跨的跨中连接区域连接。

设计应注意板带中间支座两侧上部贯通纵筋的协调配置，施工及预算应按具体设计和相应标准构造要求实施。等跨与不等跨板上部贯通纵筋的连接构造要求见相关标准构造详图；当具体工程对板带上部纵向钢筋的连接有特殊要求时，其连接部位及方式应由设计者注明。

当局部区域的板面标高与整体不同时，应在无梁楼盖的板平面施工图上注明板面标高高差及分布范围。

2. 板带支座原位标注

板带支座原位标注的具体内容为：板带支座上部非贯通纵筋。当板带上部已经配有贯通纵筋，但需增加配置板带支座上部非贯通纵筋时，应结合已配同向贯通纵筋的直径与间距，采取"隔一布一"的方式配置。

3. 暗梁的表示方法

暗梁平面注写包括暗梁集中标注、暗梁支座原位标注两部分内容。施工图中在柱轴线画中粗虚线表示暗梁。暗梁集中标注包括暗梁编号、暗梁截面尺寸、暗梁箍筋、暗梁上部通长筋或架立筋四部分内容，见表 6-3。

暗 梁 编 号 表   表 6-3

构件类型	代号	序号	跨数及有无悬挑
暗梁	AL	××	(××)、(××A) 或 (××B)

暗梁支座原位标注包括梁支座上部纵筋、梁下部纵筋。当在暗梁上集中标注的内容不适用与某跨或某悬挑端时，则将其不同数值标注在该跨或该悬挑端，施工时按原位注写取值。

当设置暗梁时，柱上板带及跨中板带标注方式与规则一致。柱上板带标注的配筋仅设置在暗梁之外的柱上板带范围内。

暗梁中纵向钢筋连接、锚固及支座上部纵筋的伸出长度等要求同轴线处柱上板带中纵向钢筋。

6.2　板钢筋翻样

在楼板和屋面板中根据板的受力特点不同所配置的钢筋也不同，主要有板下部受力钢筋、支座负弯矩钢筋、构造钢筋、分布钢筋、抗温度收缩应力构造钢筋。

（1）双向板下部双方向、单向板下部短向，是正弯矩受力区，配置板下部受力钢筋。

（2）双向板中间支座、单向板短向中间支座以及按嵌固设计的端支座，应在板顶面配置支座负弯矩钢筋。

（3）按简支计算的端支座、单向板长方向支座，一般在结构计算时不考虑支座约束，但往往由于边界约束产生一定的负弯矩，因此应配置支座板面构造钢筋。

（4）单向板长向板底、支座负弯矩钢筋或板面构造钢筋的垂直方向，还应布置分布钢筋；分布钢筋一般不作为受力钢筋，其主要作用是为了固定受力钢筋、承受和分布板上局部荷载产生的内力及抵抗收缩和温度应力。

（5）在温度、收缩应力较大的现浇板区域，应在板的表面双向配置防裂构造钢筋，即抗温度、收缩应力构造钢筋。当板面受力钢筋通长配置时，可兼作抗温度、收缩应力构造钢筋。

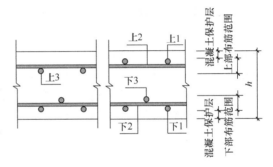

图 6-6　板厚范围上、下各层钢筋定位排序表达示意图

板厚范围上、下各层钢筋定位排序表达方式：上部钢筋依次从上往下排；下部钢筋依次从下往上排，如图 6-6 所示。

6.2.1　板下部受力筋钢筋长度及根数的计算

（1）板下部受力筋钢筋计算，如图 6-7 所示。

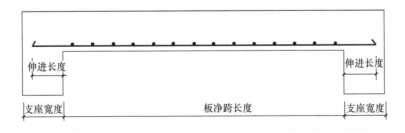

图 6-7　板下部受力筋钢筋长度计算示意图

板底筋长度＝板净跨长度＋左伸进长度＋右伸进长度（考虑螺纹钢情况）

1）板下部受力筋钢筋伸入长度有几个情况：当板下部受力筋伸入端部支座为剪力墙、梁时，伸进支座长度＝max（支座宽度/2，5d），如图 6-8、图 6-9 所示。

127

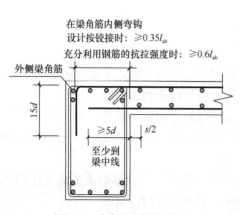

图 6-8　端支座为梁示意图

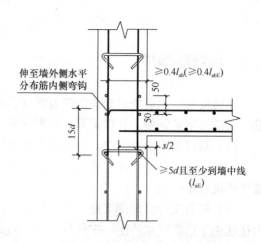

图 6-9　端支座为墙示意图

2）板下部受力筋伸入端部支座为梁板式转换层板时，伸进支座长度为两种情况：

带有转换层的高层建筑结构体系，由于竖向抗侧力构件不连续，其框支剪力墙中的剪力在转换层处要通过楼板才能传递落地剪力墙，因此转换层楼板除满足承载力外还必须保证有足够的刚度，以保证传力直接和可靠。除强度计算外还需要有效的构造措施来保证。转换层楼板纵向受力钢筋伸入边支座内的锚固长度按抗震设计要求，除施工图设计文件注明外，梁板式转换层楼板纵向钢筋在边支座锚固的抗震等级按四级取值，如图 6-10 所示。

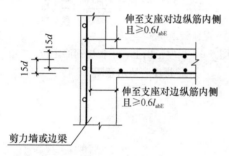

图 6-10　楼板钢筋在边支座锚固示意图

①当支座尺寸满足直线锚固时，锚固长度不应小于 l_{aE}，且至少伸到支座中线，即伸进支座长度＝max（支座宽度/2，l_{aE}）；

②当支座尺寸不满足直线锚固要求时，板纵筋可采用 90°弯折锚固方式，此时板上、下部纵筋伸至竖向钢筋内侧并向支座内弯折，平直段长度不小于 $0.6l_{abE}$，弯折段长度为 15d，即

（边梁）伸进支座长度＝支座宽度－保护层厚度－梁箍筋直径－梁角筋直径＋15d

（剪力墙）伸进支座长度＝支座宽度－保护层厚度－剪力墙水平筋直径－剪力墙竖向筋直径＋15d

（2）板下部受力筋根数计算，如图 6-11 所示。

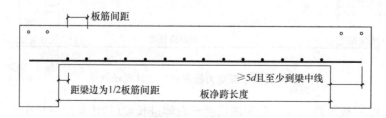

图 6-11　板下部受力筋根数计算示意图

板下部受力筋根数＝（板净跨长度－板筋间距）/板筋间距＋1

或　　　　　　　板下部受力筋根数＝板净跨长度/板筋间距

6.2.2　板上部受力筋钢筋长度及根数的计算

施工图设计文件应注明板边支座的设计支承假定，如：铰接或充分利用钢筋的受拉强度。

1）板上部纵筋应在支座（梁、墙或柱）内可靠锚固，当满足直线锚固长度 l_a 时，可不弯折。

2）采用 90° 弯折锚固时，弯折段长度为 $15d$。上部纵筋伸至梁角筋内侧弯折，弯折前的水平段投影长度，当设计按铰接时，平直段长度不小于 $0.35l_{ab}$，当充分利用钢筋的抗拉强度时平直段长度不小于 $0.6l_{ab}$，如图 6-8 所示。

3）当支座为中间层剪力墙采用弯锚时，板上部纵筋伸至剪力墙竖向钢筋内侧弯折，平直段长度不小于 $0.4l_{ab}$，弯折段长度为 $15d$，如图 6-9 所示。

4）支座为顶层剪力墙时，当板跨度及厚度比较大、会使墙产生平面外弯矩时，墙外侧竖向钢筋可伸入板上部，与板上部纵向受力钢筋搭接。实际工程中采用何种做法应由设计注明，如图 6-12 所示。

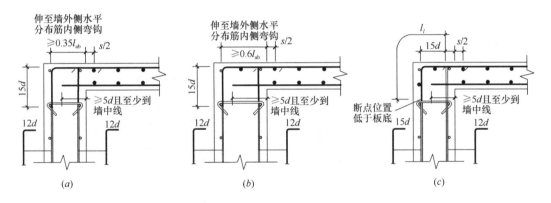

图 6-12　端部支座为剪力墙顶层钢筋构造示意图

(a) 板端按铰接设计时；(b) 板端上部纵筋按充分利用钢筋的抗拉强度时；(c) 搭接连接

（1）板上部受力筋钢筋长度计算，如图 6-13 所示。

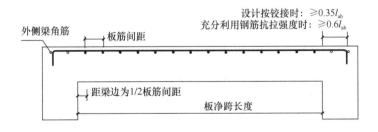

图 6-13　板上部受力筋钢筋长度计算示意图

板上部受力筋长度＝板净跨长度＋左伸进长度＋右伸进长度

当支座尺寸不满足直线锚固要求时，板上部纵筋在端支座应伸至梁或墙外侧纵筋内侧

后弯折 $15d$。

1）当板上部受力筋钢筋伸入端支座为梁时，如图 6-8 所示。

$$伸进长度＝梁宽－保护层厚度－箍筋直径－外侧梁角筋直径＋15d$$

2）当板上部受力筋钢筋伸入端支座为剪力墙时，如图 6-9 所示。

伸进长度＝剪力墙厚－保护层厚度－剪力墙水平筋直径－剪力墙竖向筋直径＋$15d$

3）板下部受力筋伸入端部支座为梁板式转换层板时，如图 6-10 所示。

（边梁）伸进支座长度＝支座宽度－保护层厚度－梁箍筋直径－梁角筋直径＋$15d$

（剪力墙）伸进支座长度＝支座宽度－保护层厚度－剪力墙水平筋直径－剪力墙竖向筋直径＋$15d$

当支座尺寸满足直线锚固要求时，板上部纵筋在端支座应伸至梁或墙平直段长度分别为 l_a、l_{aE}（梁板式转换层板如上说明），即伸进支座长度＝$l_a(l_{aE})$

（2）板上部受力筋根数计算，如图所示

$$板上部受力筋根数＝（板净跨长度－板筋间距）/板筋间距＋1$$

或 $$板上部受力筋根数＝板净跨长度/板筋间距$$

6.2.3 板支座负筋钢筋长度及根数的计算

板支座负筋钢筋长度及根数的计算如图 6-14 所示。

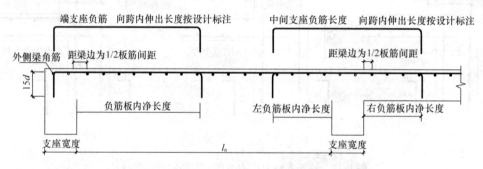

图 6-14 板支座负筋钢筋长度计算及根数示意图

（1）端支座负筋长度计算，伸入支座长度同板上部受力筋判定条件。

端支座负筋长度＝负筋板内净长度＋伸入支座长度＋板内弯折（板厚度－2×保护层厚度）

$$端支座负筋根数＝（板净跨长度－板筋间距）/板筋间距＋1$$

或 $$端支座负筋根数＝板净跨长度/板筋间距$$

（2）中间支座负筋长度计算，注意：当板支座上部非贯通筋图纸未明确时，按照《混凝土结构施工图平面整体表示方法制图规则和构造详图》16G101-1 规定为自支座中线向跨内的伸出长度，注写在线段的下方位置。

中间支座负筋长度＝左负筋板内净长度＋中间支座宽度＋右负筋板内净长度＋板内弯折（板厚度－2×保护层厚度）×2

中间支座负筋根数＝［（左板净跨长度－板筋间距）/板筋间距＋1］＋［（右板净跨长度－

板筋间距)/板筋间距＋1]

或　　　　中间支座负筋根数＝左板净跨长度/板筋间距＋右板净跨长度/板筋间距

6.2.4　分布钢筋长度及根数的计算

分布钢筋应满足要求,一般情况下设计人员会在施工图中注明采用的规格和间距,由施工单位在需要配置的位置布置,如图 6-15、图 6-16 所示。

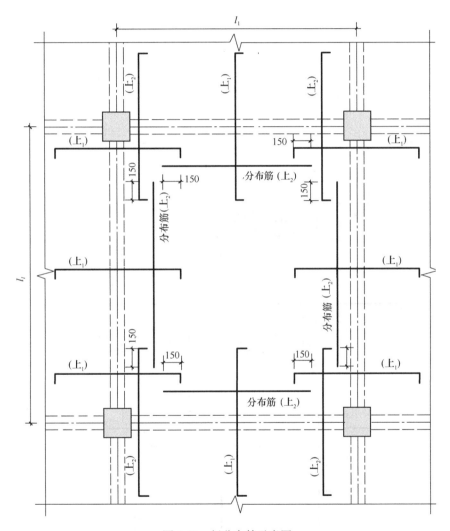

图 6-15　板分布筋示意图

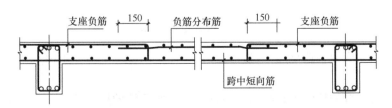

图 6-16　分布筋长度示意图

（1）分布钢筋的直径不宜小于 6mm，间距不宜大于 250mm，板上有较大集中荷载时不宜大于 200mm。

（2）按单向板设计的四边支承板，在垂直于受力钢筋方向布置的分布钢筋截面面积不宜小于单位宽度受力钢筋截面面积的 15%，且配筋率不应小于 0.15%。

$$分布筋长度＝两端支座负筋净距＋150×2$$
$$分布筋根数＝（板净跨长度－0.5×板筋间距）/板筋间距＋1$$

6.2.5 温度筋长度及根数的计算

板温度筋示意图如图 6-17 所示。

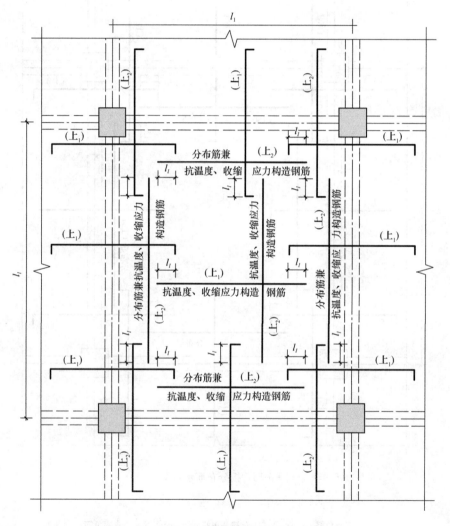

图 6-17 板温度筋示意图

抗温度、收缩应力构造钢筋，设计人员需在施工图设计文件中给出规格、间距以及需要布置的位置。

（1）板表面设置的抗温度、收缩应力钢筋与支座负筋的搭接长度，若施工图设计文件未注明时，按受拉钢筋的要求搭接或在周边构件中锚固。

（2）无特殊要求时，分布钢筋与受力钢筋搭接长度为 150mm。

（3）板表面防裂构造钢筋利用原有受力钢筋贯通布置，并在支座处另设负弯矩钢筋时，两种钢筋的牌号和间距宜相同，才可以做到"隔一布一"。

温度筋长度＝板净跨长度－左负筋板内净长度－右负筋板内净长度＋搭接长度×2

温度筋根数＝（板垂直向净跨长度－左负筋板内净长度－右负筋板内净长度）/温度筋间距－1

第7章 楼梯构件识图与钢筋翻样

7.1 楼梯平法制图规则

现浇混凝土板式楼梯平法施工图有平面注写、剖面注写和列表注写三种表达方式。楼梯平面布置图,应采用适当比例集中绘制,需要时绘制其剖面图。

7.1.1 楼梯的类型

《混凝土结构施工图平面整体表示方法制图规则和构造详图》16G101-2 图集楼梯包含 12 种类型,如表 7-1 所示。各梯板截面形状与支座位置示意图,如图 7-1 所示。

楼梯注写:楼梯编号由梯板代号和序号组成;如 AT××、BT××、ATa×× 等。

楼 梯 类 型

表 7-1

楼梯代号	适用范围		是否参与结构整体抗震计算	示意图所在图集中页码	注写及构造图所在页码
	抗震构造措施	适用结构			
AT	无	剪力墙、砌体工程	不参与	11	23、24
BT			不参与	11	25、26
CT			不参与	12	27、28
DT			不参与	12	29、30
ET			不参与	13	31、32
FT			不参与	13	33、34、36、39
GT			不参与	14	36、37、38、39
ATa	有	框架结构、框剪结构中框架部分	不参与	15	40、41、42
ATb			不参与	15	40、43、44
ATc			参与	15	45、46
CTa			不参与	16	47、41、48
CTb			不参与	16	47、43、49

注:ATa、CTa 低端设滑动支座在梯梁上;ATb、CTb 低端设滑动支座支承在挑板上。

(1) AT~ET 型板式楼梯代号代表一段带上下支座的梯板。梯板的主体为踏步段,除踏步段之外,梯板可包括低端平板、高端平板以及中位平板。梯板的两端分别以(低端和高端)梯梁为支座。梯板的型号、板厚、上下部纵向钢筋及分布钢筋等内容由设计者在平法施工图中注明。梯板上部纵向钢筋向跨内伸出的水平投影长度见相应的标准构造详图,设计不注,但设计者应予以校核;当标准构造详图规定的水平投影长度不满足具体工

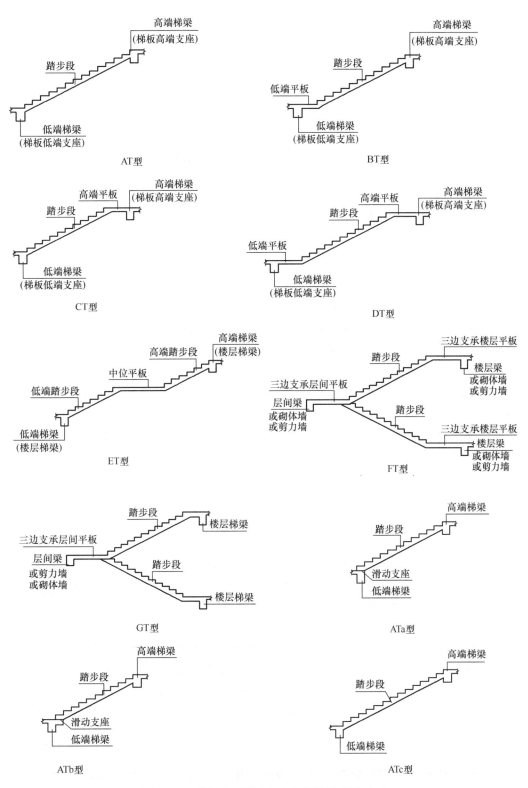

图 7-1　各梯板截面形状与支座位置示意图（一）

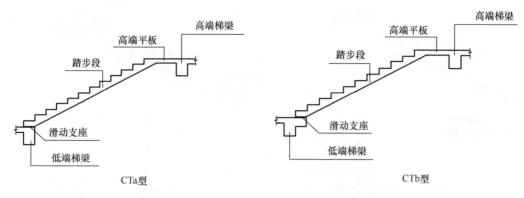

图 7-1 各梯板截面形状与支座位置示意图（二）

程要求时，应由设计者另行注明。

AT～ET 各型梯板的截面形状为：AT 型梯板全部由踏步段构成；BT 型梯板由低端平板和踏步段构成；CT 型梯板由踏步段和高端平板构成；DT 型梯板由低端平板、踏步段和高端平板构成；ET 型梯板由低端踏步段、中位平板和高端踏步段构成。

（2）ET、GT 每个代号代表两跑踏步段和连接它们的楼层平板及层间平板。梯板的型号、板厚和上、下部纵向钢筋及分布钢筋等内容由设计者在平法施工图中注明。平台上部横向钢筋及其外伸长度，在平面图中原位标注。梯板上部纵向钢筋向跨内伸出的水平投影长度见相应的标准构造详图，设计不注，但设计者应予以校核；当标准构造详图规定的水平投影长度不满足具体工程要求时，应由设计者另行注明。

ET、GT 型梯板的构成分两类：第一类——FT 型，有层间平板、踏步板和楼层平板构成；第二类——GT 型，有层间平板和踏步段构成。

ET、GT 型梯板的支承方式，如表 7-2 所示。

1）FT 型：梯板一端的层间平板采用三边支承，另一端的楼层平板也采用三边支承。

2）GT 型：梯板一端的层间平板采用三边支承，另一端的梯板段采用单边支承（在梯梁上）。

ET、GT 型梯板的支承方式 表 7-2

梯板类型	层间平板端	踏步段端（楼层处）	楼层平板端
FT	三边支承	—	三边支承
GT	三边支承	单边支承（梯梁上）	—

（3）ATa、ATb 型为带滑动支座的板式楼梯，梯板全部由踏步段构成，其支承方式为梯板高端均支承在梯梁上，ATa 型梯板低端带滑动支座支承在梯梁上，ATb 型梯板低端带滑动支座支承在挑板上。滑动支座做法采用何种做法应由设计指定。梯板采用双层双向配筋。

（4）ATc 型板式楼梯，梯板全部由踏步段构成，其支承方式为梯板两端均支承在梯梁上。楼梯休息平台与主体结构可连接，也可脱开。梯板厚度应按计算确定，梯板采用双向配筋，梯板两侧设置边缘构件（暗梁）。平台板按双层双向配筋。

（5）CTa、CTb 型为带滑动支座的板式楼梯，梯板由踏步段和高端平板构成，其支承方式为梯板高端均支承在梯梁上。CTa 型梯板低端带滑动支座支承在梯梁上，CTb 型梯板低端带滑动支座支承在挑板上。滑动支座做法采用何种做法应由设计指定。梯板采用双层双向配筋。

7.1.2　板式楼梯平面注写方式

平面注写方式，系在楼梯平面布置图上注写截面尺寸和配筋具体数值的方式来表达楼梯施工图。包括集中标注和外围标注。

（1）楼梯集中标注的内容由五项，具体规定如下：

1）梯板类型代号与序号，如 AT××。

2）梯板厚度，注写为 $h=$×××。当为带平板的梯板且梯段板厚度和平板厚度不同时，可在梯段板厚度后面括号内以字母 P 打头注写平板厚度。

3）踏步段总高度和踏步级数，之间以"/"分隔。

4）梯板支座上部纵筋、下部纵筋，之间以"；"分隔。

5）梯板分布筋，以"F"打头注写分布钢筋具体值，该项也可在图中统一说明。

6）对于 ATc 型楼梯尚应注明梯板两侧边缘构件纵向钢筋及箍筋。

（2）楼梯外围标注的内容，包括楼梯间的平面尺寸、楼层结构标高、层间结构标高、楼梯的上下方向、梯板的平面几何尺寸、平台板配筋、梯梁及梯柱配筋等。

7.1.3　板式楼梯剖面注写方式

剖面注写方式需在楼梯平法施工图中绘制楼梯平面布置图和楼梯剖面图，注写方式分平面注写、剖面注写两部分。

楼梯平面布置图注写内容，包括楼梯间的平面尺寸、楼层结构标高、层间结构标高、楼梯的上下方向、梯板的平面几何尺寸、梯板类型及编号、平台板配筋、梯梁及梯柱配筋等。

楼梯剖面图注写内容，包括梯板集中标注、梯梁梯柱编号、梯板水平及竖向尺寸、楼层结构标高、层间结构标高等。

梯板集中标注的内容有四项，具体规定如下：

（1）梯板类型及编号，如 AT××。

（2）梯板厚度，注写为 $h=$×××。当梯板由踏步段和平板构成，且踏步段梯板厚度和平板厚度不同时，可在梯板厚度后面括号内以"P"打头注写平板厚度。

（3）梯板配筋。注明梯板上部纵筋和梯板下部纵筋，用分号"；"将上部与下部纵筋的配筋值分隔开来。

（4）梯板分布筋，以"F"打头注写分布钢筋具体值，该项也可在图中统一说明。

（5）对于 ATc 型楼梯尚应注明梯板两侧边缘构件纵向钢筋及箍筋。

7.1.4　板式楼梯列表注写方式

列表注写方式，系用列表方式注写梯板截面尺寸和配筋具体数值的方式来表达楼梯施工图。

列表注写方式的具体要求同剖面注写方式，仅将剖面注写方式中的梯板配筋注写项改为列表注写项即可。

梯板列表格式如表 7-3 所示。

梯板几何尺寸和配筋

表 7-3

梯板编号	踏步段总高度/踏步级数	板厚 h	上部纵向钢筋	下部纵向钢筋	分布筋

注：对于 ATc 型楼梯尚应注明梯板两侧边缘构件纵向钢筋及箍筋。

7.2 楼梯钢筋翻样详解

《混凝土结构施工图平面整体表示方法制图规则和构造详图》16G101-2 图集楼梯包含 12 种类型，现以最常用的 AT 型楼梯进行分析，如图 7-2 所示。

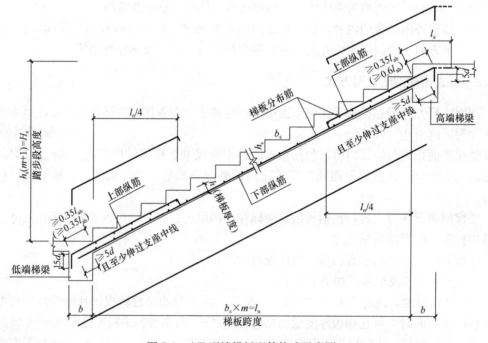

图 7-2 AT 型楼梯板配筋构造示意图

7.2.1 底部受力筋计算

（1）梯板底部受力钢筋长度计算，如图 7-2 所示。

楼梯踏步段内斜放钢筋长度的计算方法：钢筋斜长＝水平投影长度×k

$$k = \frac{\sqrt{b_s^2 + h_s^2}}{b_s}$$

楼梯板底筋长度＝（梯板净跨长度＋左伸进长度＋右伸进长度）×k

伸进支座长度＝max($b/2$，$5d$)，注意：伸进支座长度为斜长需要满足的条件。

（2）梯板底部受力钢筋根数计算，如图 7-3 所示。

梯板底部受力钢筋根数＝（梯板宽－50×2）/受力筋间距＋1

7.2.2　梯板顶部支座负筋计算

（1）梯板顶部支座负筋长度计算（图 7-3、图 7-4）。

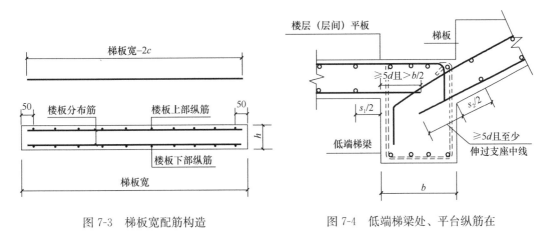

图 7-3　梯板宽配筋构造
示意图

图 7-4　低端梯梁处、平台纵筋在
梯梁中弯锚示意图

顶部低端支座负筋＝（板净跨长度/4＋低端梯梁宽度 b)×k－保护层厚度＋$15d$＋（楼板厚度 h－2×保护层）

其中当设计标注时，板净跨长度/4 为设计标注。

顶部高端支座负筋＝（板净跨长度/4＋高端梯梁宽度 b)×k－保护层厚度＋$15d$＋（楼板厚度 h－2×保护层）

其中当设计标注时，板净跨长度/4 为设计标注。楼板上部纵筋有条件时可直接伸入平板内锚固，从支座内边算起总锚固长度不小于 l_a。

（2）梯板顶部支座负筋根数计算，如图 7-3 所示。

梯板顶部支座负筋根数＝（梯板宽－50×2）/受力筋间距＋1

7.2.3　楼板分布筋计算

楼板分布筋下部纵筋楼板分布筋和上部纵筋楼板分布筋，在计算长度时，长度相同。

（1）梯板分布筋长度计算，如图 7-2、图 7-3 所示。

梯板分布筋长度＝梯板宽－保护层厚度×2

（2）梯板分布筋根数计算，如图 7-2～图 7-4 所示。

1）板底筋受力筋的分布筋根数＝（梯板净跨长度×k－分布筋间距）/分布筋间距＋1

2）板顶部支座负筋分布筋根数＝（梯板净跨长度/4×k－分布筋间距/2）/分布筋间距＋1

需要注意的是：当用于基础时，起步距离应为 50mm，如图 7-5 所示。

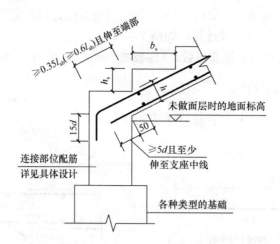

图 7-5 各型楼梯第一跑与基础连接构造示意图

参 考 文 献

［1］ 中国建筑标准设计研究院．混凝土结构施工图平面整体表示方法制图规则和构造详图(现浇混凝土框架、剪力墙、梁、板)(16G101-1)［S］．北京．中国计划出版社．2016.

［2］ 中国建筑标准设计研究院．混凝土结构施工图平面整体表示方法制图规则和构造详图(现浇混凝土板式楼梯)(16G101-2)［S］．北京．中国计划出版社．2016.

［3］ 中国建筑标准设计研究院．混凝土结构施工图平面整体表示方法制图规则和构造详图(独立基础、条形基础、筏形基础、桩基础)(16G101-3)［S］．北京．中国计划出版社．2016.

［4］ 中国建筑标准设计研究院．混凝土结构施工钢筋排布规则与构造详图(现浇混凝土框架、剪力墙、梁、板)(18G901-1)［S］．北京．中国计划出版社．2018.

［5］ 中国建筑标准设计研究院．混凝土结构施工钢筋排布规则与构造详图(现浇混凝土板式楼梯)(18G901-2)［S］．北京．中国计划出版社．2018.

［6］ 中国建筑标准设计研究院．混凝土结构施工钢筋排布规则与构造详图(独立基础、条形基础、筏形基础、桩基础)(18G901-3)［S］．北京．中国计划出版社．2018.

［7］ 中国建筑标准设计研究院．G101系列图集常见问题答疑图解(17G101-11)［S］．北京．中国计划出版社．2017.

［8］ 中国建筑标准设计研究院．G101系列图集常用构造三维节点详图(框架结构、剪力墙结构、框架-剪力墙结构)(11G902-1)［S］．北京．中国计划出版社．2011.

［9］ 唐才均．平法钢筋看图下料与施工排布一本通［M］．北京．中国建筑工业出版社．2014.

［10］ 混凝土结构工程施工质量验收规范 GB 50204—2015［S］．北京．中国建筑工业出版社．2015.

［11］ 混凝土结构工程施工规范 GB 50666—2011［S］．北京．中国建筑工业出版社．2012.

［12］ 混凝土结构设计规范(2015年版)GB 50010—2010［S］．北京．中国建筑工业出版社．2015.